灌篮

SLAM★KICKS

Basketball Sneakers that Changed the Game

改变篮球历史的球鞋

目录

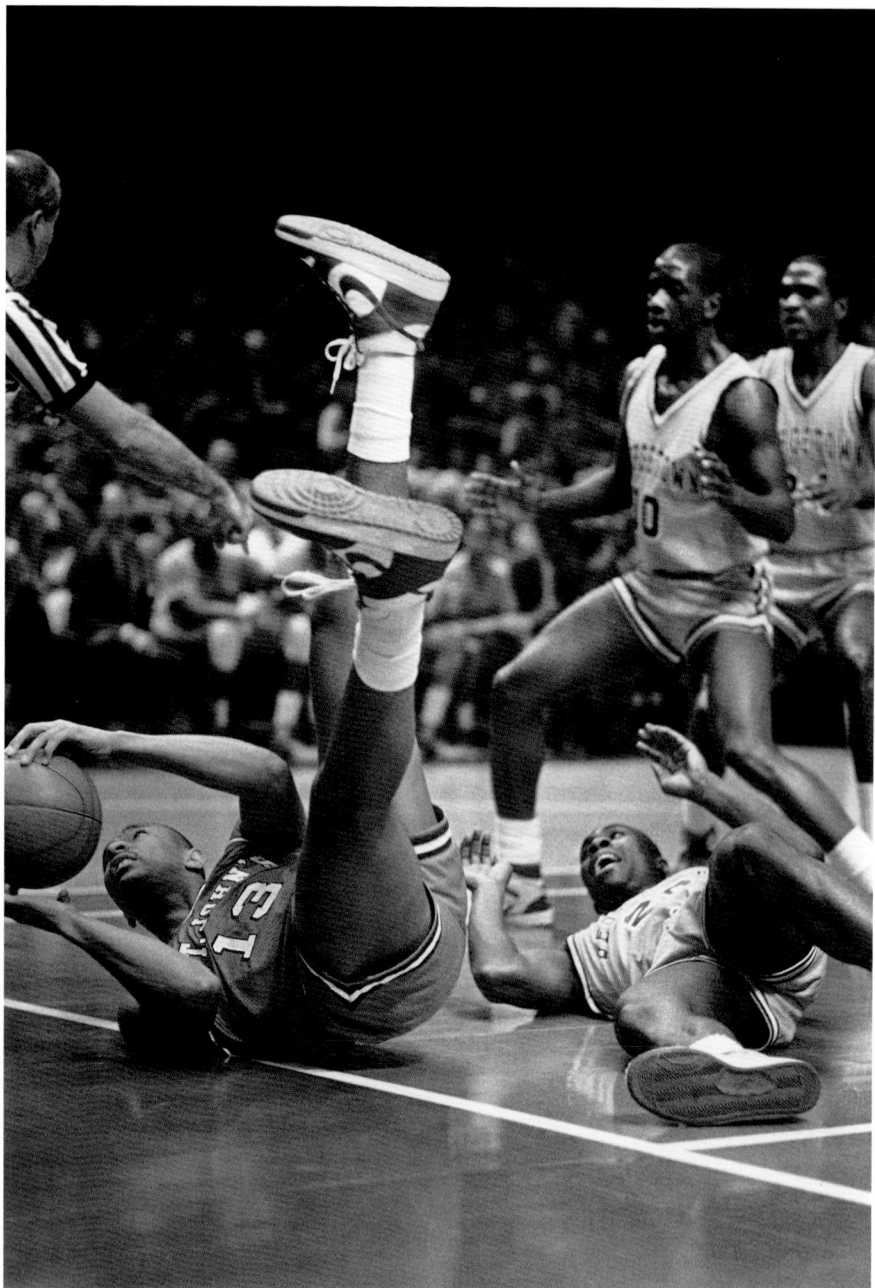

球鞋买手

本·奥斯博恩

收集球鞋的游戏如今热火朝天的程度超出了我的想象。相信我，即便最乐观的乔丹品牌（Jordan Brand）的员工也从未期待过今天发生的一切。

我年近四旬，在关注女孩之前就已关注球鞋。像我这样的人，一般有三条出路：A. 我可以成为一个坏脾气的老男人，为如今"球鞋爱好者"手里偶尔出现的假货感到悲哀；B. 我可以倾尽家产，把可用的存款都花在买球鞋上，在Instagram 上展示每个免费赠品的照片，挨个城市参加球鞋展交会；C. 或者我可以走条折中的道路。我的职业让我得以进入球鞋世界的最中心，我可以利用这一优势而不让它影响我的生活。我选择 C。

估计这本书的许多读者对《灌篮》（SLAM）也十分熟悉。这是我编辑的篮球杂志，至今它报道篮球比赛已有 21 年。它对嘻哈文化的引领作用和对潮流的敏锐判断无人能及。你可能也知道《球鞋帮》（KICKS）——这是球鞋爱好者的年度刊物，从各方面展示球鞋的荣耀所在——至今它已出版 16 期。实际上，如果人们不那么在乎球鞋，《灌篮》不可能健康成长，《球鞋帮》可能根本不会存在。但大家如此热爱球鞋，我们也愿意为大家服务。时机一到，我们就把内容筛选编排，制作成你们手中的这本艺术品。

　　我们要做一本讲述球鞋故事的书，只不过是从视觉角度着手。我们商量着做一份榜单，诸如有史以来 25 款、甚至 50 款最佳篮球鞋。但最后我们意识到，这不是简单的科学问题。一个人最钟爱的球鞋，可能都排不进另一个人心目中的百佳排行榜。所以我们抛弃了用数字排行的想法，把那些我们觉得符合"改变篮球运动"这一主题的球鞋选进书中。结果我们选出一堆老古董，它们是曾经具有开创性，而且（或者）至今依然流行的 20 世纪 70 年代到 90 年代的球鞋。还有一些刚刚发布的、我们认为会被今后一代人铭记的球鞋。可能是命数安排，球鞋榜单的最终结果和卡里姆·贾巴尔（Kareem Abdul-Jabbar）、博德（Bird）、尤因（Ewing）、皮蓬（Pippen）这些球星刚好匹配，这真让人感到贴心，不过这只是令人开心的巧合罢了。每个球鞋爱好者都有自己心目中的榜单，但读者一定会享受我们的选择，我们对此很有信心。

　　牵头做这个项目对我有特别的意义，因为我在《灌篮》和《球鞋帮》杂志还只是个想法之前，就已深深爱上了关于球鞋的一切。在韦斯特切特郊区的语法学校念书时，四年级的我就穿着系着宽边鞋带的球鞋了。五年级时我爱上了 Air Jordan I，我穿啊穿，直到穿烂为止，15 个月内连续穿坏了三双鞋。六年级伴随着我的是匡威 Weapon 系列，因为有段时间 NBA 里除了乔丹（MJ, Michael Jordan）之外，几乎每个明星都穿这款鞋。

　　中学时我有些工作机会（穿着篮球鞋当球童吗？当然，为什么不呢？），开始自己挣钱。当地棒球卡店那里挣点，篮球鞋零售商那里再挣点。然而我仍旧热衷于乔丹系列以及不断推出的新款产品（我有乔丹一代所有款式，却没有价值 100 美元的二代，但我随后有了三代、四代、五代）。我意识到乔丹鞋正变得越来越流行，我开始想让自己变得不一样。

　　带着我自己写的文章草稿，我会去布朗克斯的富敦路或者曼哈顿的联合广场，在 VIM 或者帕拉贡（Paragon）体育用品店的板条箱里翻捡颜色新鲜的 Brooks 鞋 [多米尼克·威尔金斯（Dominique Wilkins）的球鞋]，Etonics 鞋 ["大梦" 哈基姆·奥拉朱旺（Hakeem the Dream）]，Spot-Bilts [泽维尔·麦克丹尼尔（Xavier McDaniel）]。这些独特的球鞋普遍很便宜，让我得以省下钱买 Foot Locker 商店里推出的更贵的耐克鞋，尤其是我最喜欢的运动员马克·杰克逊（Mark Jackson）穿的球鞋。

　　说到马克·杰克逊，我得说自己对篮球和球鞋的迷恋已经到了无所不包的地步。我随时随地打篮球（相比适当地提高篮球技巧，我可能更在意自己流泪的样子是不是更像马克本人）。我随时注意收看比赛。我的卧室简直是篮球和球鞋的圣殿，我喜欢耐克产的杰克逊和乔丹系列球鞋的漂亮海报贴满了墙壁。

　　当我升入中学高年级，随后进入大学，姑娘、音乐、学业、参与各种运动，这些兴趣都盖过了篮球，但后者永远是我生命中的一部分。当我大学毕业，回到家乡，在刚成立三年的《灌篮》杂志获得一份实习工作，而我所拥有的正是对篮球和球鞋几乎与生俱来的丰富知识。这一切简直是上天注定。

　　在过去的 15 年里，和球鞋有关的娱乐更多地变成一份和球鞋有关的工作。《灌篮》和我同顶级的球鞋品牌直接接触，我们飞到各地报道盛大的新品发布会，和品牌合作各种活动，试图把信息尽可能多的与读者或潜在客户分享。

在某种程度上，从事这份工作从来不轻松。精明的品牌商只轻轻一点鼠标，便把新品发布日期和高分辨率的图片发给你。电子零售商和球鞋主题网站给你提供历史数据和价格信息。Flickr 和 Instagram 充斥着和新品相关的劣质图片。

还有，我在工作中很快了解到，诸多关于运动鞋的信息有多么不正式。网络上的图片可能很模糊，但大部分网友根本不在意。关于球鞋的数据发布时还不准确，但下一分钟会被删除或者修正。篮球鞋文化这门生意还在成熟的过程中，不会因为谁等级高谁泄露的新品图片或者发布的信息就更具有权威性。

发布日期之类的信息很可能要经过两到三次确认。有些信息会依然模糊不清，因为一些品牌商甚至在某款新球鞋发布时都不敢轻易断言，但是请相信我们，我们已尽力而为。既然我们不能把最新的网页信息拿来做替换，你们也只能读到我们截稿时已发表的文字了。

这本书里的内容尤其如此，但我最引以为傲的是书里搜集的图片。乔治·格文的"冰王"海报、Run-DMC 穿着"Superstars"球鞋的照片、乔丹在扣篮大赛中的照片，还有你知道的经典投篮镜头，以及你不知道的那些经典瞬间，全都有史以来第一次被收录进同一本书里。最终的赢家是哪个？当然是你——那个会频繁把书架上的藏书更新换代的球鞋爱好者。

1917
Converse Chuck Taylor All Stars

The Original ｜流行的起点

一种流行现象最初诞生时是什么样子的？就匡威 Chuck Taylor All Stars 球鞋来说，它持久的魅力正在于它的简单朴素。从它诞生之初的 1917 年起，经历了 20 世纪 20 年代和 30 年代的多次品牌微调，高帮全明星球鞋均以胶底、半月形鞋头、舒适的帆布鞋面为特色。虽然球鞋开始以低帮为主打，在颜色组合和鞋帮高度上有更多选择，让人数不胜数，但经典的全明星球鞋仍旧保持白色胶底和单色帆布面。标志性的圆形补丁上带着查克·泰勒（Chuck Taylor）的签名，给此设计加上最后的封印。

这款球鞋首次亮相距今已有将近 100 年，你读着它的故事之时，脚上很可能正穿着这款球鞋，感受着查克·泰勒的永恒魅力。但这款传奇球鞋最早是谁设计的？如今，即便球鞋巨头匡威的员工也说不清到底是谁设计了最早的全明星球鞋，大家只知道全明星球鞋最早在 1917 年由马萨诸塞州的匡威橡胶球鞋公司发布。

球鞋以人命名是在 1921 年，当时查克·泰勒为匡威半职业全明星篮球队打球。作为那个时代的伟大球星，也是匡威品牌骄傲的新闻发言人——以及推销员，查克·泰勒提出了不少让球鞋稳定性得以改进的建议。为了对他表示感谢，匡威官方用他的名字给球鞋冠名，并把他的签名印在脚踝的圆形补丁上。

自此之后，至少从匡威联手查克·泰勒开始，公司开始数钱数到手软。不过匡威（已被耐克收购）在 20 世纪 70 年代推出的全明星二代等分支系列以及其他针对篮球鞋的不同尝试，并不总是成功，但 Chuck Taylor All Stars 球鞋却一直是热门货。这是第一款从球场之上流行到球场之外的现代球鞋，它在青年团伙、溜冰少年以及普通男女学生中长盛不衰。

1949
Pro-Keds Royal

Smile ｜ 笑一笑

　　Pro-Keds Royal 系列鞋头的胶底儿形成特殊的圆形。从特定角度看，球鞋似乎在对人微笑。要是盯着一双鞋看，总让人觉得有必要回赠一个笑容。

　　乍看之下，Royal 系列简直是纯真的化身，是鞋类中的朱恩·克利弗尔[1]。它们是高帮或者低帮的帆布鞋，在 NBA 20 世纪 50 年代、60 年代、70 年代的巨星脚踝上，随着他们跌倒、落地、一跃而起、乐不可支、触地弹跳，又咧嘴大笑。这其中不乏 NBA 有史以来 50 大巨星的名字，比如乔治·迈肯（George Mikan）、威利斯·里德（Willis Reed）、奈特·"小精灵"·阿奇博尔德（Nate "Tiny" Archibald）。

　　很多运动展示人的性格，但篮球塑造人的性格，因为它那独一无二的平等主义。你需要的只有一个篮球、一个篮筐，还有一双鞋。Pro-Keds Royal 系列完美地契合这一方程式：他们并不昂贵，帆布面轻松舒适，橡胶底儿经久耐用。填充的鞋垫，宽松的衬里结构，控制摩擦的纹路，还有能提供良好抓地力的鞋底儿。

1　June Cleaver，系列剧反斗小宝贝（Leave It to Beaver）中的主妇，美国 1950 年代完美主妇的母亲形象。

但在初次约会的美妙对视背后，有一些更为复杂的事。伴随它制胜的微笑和标志美国的蓝白色条纹，Pro-Keds Royal 系列就像星期六早上的卡通节目一般。但它不是米老鼠，而是翠迪鸟[1]：无法抗拒地惹人喜爱，但却远没有那么单纯。Pro-Keds Royal 系列也许看上去简单，但它会不遗余力地支持你的比赛，绝对不会掉链子。它本身就进攻性十足。

当 Chuck Taylor All Stars 球鞋的热度持续到 21 世纪，Pro-Keds Royal 系列远远地排在后面。Pro-Keds 一直在四处活跃，它也仍有激动人心的力量。那些想让自己足够与众不同的人，你依然可以选择经典的皇家系列"低帮"或者"高帮"，更不用说诸如"中帮"、"大师"、"麂皮"等其他风格的设计了。

最棒的篮球运动员在让你着迷之前会先笑一笑，让你独自站在三分线外对着球场上扬起的尘土发呆。而 Pro-Keds Royal 系列就是踢起那团尘土的球鞋。

---

1 Tweety Bird，诞生于 1942 年，是由当时的华纳兄弟电影公司出品的动画《乐一通》系列里出现的一个小明星，经常和傻大猫做拍档。他非常聪明，外表很可爱，但对天敌有一点儿残忍，这就使他避开了许多被吃的危险。

1969
adidas Superstar

Walk This Way ｜一往无前

带泡沫
垫的鞋舌,
减轻鞋带的压力

这是一款几乎人人想仿效的球鞋。
这是一款供专业球员和大学运动员
穿着令人称奇的轻革篮球鞋。
穿着一段时间之后,柔软的白色
皮面会更贴合你的脚面。
内部则有可调节的足弓支撑和
舒适的铬革内底,很难损坏。

特殊的高帮
"软保护"鞋跟设计,
让球鞋穿着更安全。

超大尼龙内置脚跟
稳定器,帮助避免
扭到脚踝

世界闻名的
三条纹标志,
如今用真皮制作,
减少破损的几率

粗糙的
橡胶鞋头,
能承受较大重力

脚掌上
更深的螺纹,
带来更出色的
抓地力

一整块儿鞋底儿
和鞋面牢牢
地缝在一起,
更加结实

adidas Superstar 系列球鞋是先被篮球明星穿出名来的：20 世纪 70 年代的巨星卡里姆·阿卜杜尔 - 贾巴尔（Kareem Abdul-Jabbar）、"手枪"皮特·马拉维奇（"Pistol" Pete Maravich）、杰里·韦斯特（Jerry West）等等，都穿着阿迪达斯球鞋。这些球鞋有着全皮的表面和橡胶贝壳头，贝壳头随后成了这类球鞋的街头俗称。但 adidas Superstar 球鞋真正走红还得归功于嘻哈巨星们。

Run-DMC 最早在 1985 年前后蹿红，拥有诸如《摇滚之王》（*King of Rock*）、《摇滚盒子》（*Rock Box*）等大热单曲。普通人可能之前也听说过嘻哈乐，但美国主流人群只有在认识了这几个来自纽约皇后区豪丽思地区的小伙子们后，才真正知道什么是嘻哈乐。这几个人就是 MC Run、DMC，还有他们的 DJ 詹姆·马斯特·杰伊（Jam Master Jay）。很多人也从他们身上了解了什么是 B-boy 风格的舞蹈。他们把穿摇滚式的球鞋变成了一种艺术风格——尤其是宽边鞋带（或者不系鞋带）的 adidas Superstar 球鞋。

只要家里安装了有线电视的人，都能立刻回忆起这支乐队在 MTV 里穿着阿迪达斯球鞋的迷人模样。当乐队 1986 年发行专辑《上升的地狱》（*Raising Hell*）时，他们对这一品牌的热爱上升到官方的高度。专辑里最流行的一首歌叫《我的阿迪达斯》（*My Adidas*），简直是赤裸裸地为 adidas Superstar 球鞋高唱颂歌。这款球鞋当时还只是上市新品之一。

说实话，我们可能不记得上次看到篮球明星在球场上穿这款鞋的样子（即便是最新款的全明星二代），但仅仅那年我们就见过 Jay Z、NAS、蕾哈娜（Rihanna），以及威尔·史密斯（Will Smith）骄傲地穿着贝壳头球鞋的样子。阿迪达斯给这款鞋命名"超级明星"（Superstars）时肯定带着先见之明。

1971
adidas
Abdul-Jabbar

Signature Moment ｜ 标志性时刻

当密尔沃基雄鹿队获得他们第一个也是唯一一个 NBA 总冠军时，他们 7 英尺 2 英寸高（约 2.18 米）的救世主路易·阿尔金德（Lew Alcindor），改名为卡里姆·阿布杜尔 - 贾巴尔（Kareem Abdul-Jabbar）。他的名字是从阿拉伯语简单翻译过来的，意思是"真主高贵的仆从"。

几个月后，也就是 1971 年的秋天，阿迪达斯发布了首款球员授权的篮球鞋，最初的名字是 Abdul-Jabbar，后来简单被称为 Jabbar。Jabbar 在球鞋界可不仅仅是真主，它永远地改变了球鞋界。球鞋外表朴素，保持了简洁的线条设计，这也是消费者对三条纹阿迪达斯的期待。但球鞋的舌头上仍以卡里姆留着大胡子的微笑表情为主打（他带护目镜之前的形象），伴有他的签名。全粒面皮革、高帮的剪切提供了脚部支持，麂皮的鞋头增加了舒适度。橡胶鞋底和人字形的斜纹增加了鞋的高度和耐久性。传统的鞋带样式增强了安全性和舒适性。原始版的球鞋颜色有白色、海军蓝和奶油色，卡里姆穿的也是这几种颜色。

阿迪达斯推出 Jabbar 正好赶上好时候。NBA 联盟从 14 支队伍扩张到 17 支；更多的球队意味着更多的球员，更多的球员就要穿更多的球鞋。Jabbar 的成功之处就在于，他改变了球队和球员品牌化的面貌，引领了球员签名鞋的趋势。Jabbar 是第一款直接和 NBA 球员联合的"签名款"产品。如今"签名款"已是常态。

卡里姆·阿布杜尔 - 贾巴尔如今在九项数据统计上领先整个 NBA，从上场时间到得分等等。也许有球员会在今后从数据上打破贾巴尔的记录，但阿迪达斯 Jabbar 球鞋的影响将会永远难以企及。这款鞋以多种形式、多次再版发行，但它珍贵稀有的开创价值让它始终拥有至高无上的魅力。

1972
adidas
Pro Model

The Professional │ 为专业人士

职业款

表皮：粒面皮

鞋底：橡胶材料，人字形花纹，橡胶鞋帽，铬革内底，鞋底粘合并缝合于鞋面

AG1032 款 白色 / 黑色，AG1331 款 白色 / 红色，AG1386 款 白色 / 中色

　　20世纪70年代，估计NBA球队里70%的球星都曾经脚蹬阿迪达斯Pro Model球鞋上场，甚至包括不久将成为匡威标志性人物的朱利叶斯·欧文（Julius Erving）。这些世界级的巨星为什么对这款鞋如此倾心？这款鞋是adidas Superstar球鞋的高帮版（尽管有些历史学家对两款鞋的年代有不同意见，但阿迪达斯公司称，在Superstar款推出一段时间之后，The Professional款球鞋才正式发售）。它不但有熟悉的贝壳头，还有全皮的鞋面，这在当时是破天荒的设计。这款鞋对时尚外表和实用功能的有效结合达到前所未有的程度，像J博士[1]和唐纳德·"光溜溜"·沃斯[2]这些时尚意识非常强的球员很快不断加入到这款鞋的簇拥队伍中。

1　Dr.J，指朱利叶斯·欧文。

2　Donald "slick" Watts，20世纪70年代中期，NBA防守能力最好的控球后卫之一。他是最早剃光头的球员之一。当时光头在球场还很少见，他也因此获得外号"光溜溜"。

这款鞋带动的潮流在 2000 年阿迪达斯推出 Pro Model 2G 的时候获得重生，漆皮鞋面和经典的贝壳头结合了更多现代科技。新版的 Pro Model款球鞋依然活跃在球场上（尽管已远达不到 70% 的占有率），受到包括勒布朗·詹姆斯（LeBron James）在内的年轻球员欢迎。詹姆斯作为业余球员时多数时间都穿着三条纹球鞋。当一款球鞋在 20 世纪 70 年代获得大众病态般的迷恋，到新世纪它依然是像詹姆斯这样的球星定制款球鞋，它很容易在历史上赢得自己的位置。

1973
Puma Clyde

Sublime and on Time ｜ 卓越又及时

1973 年对纽约来说意义重大，它将对这个城市的体育和时尚产生深远的影响。这一年，乔治·史坦布瑞纳（George Steinbrenner）买下了洋基队；弗吉尼亚绅士队把 J 博士卖给了网队；大都会队开始冲击世界级的奖项；纽约岛人队诞生了；外号"秘书处"的天才赛马在贝尔蒙特的比赛中获得三连冠；尼克斯队击败了湖人队获得了第二个总冠军——这归功于无与伦比的组织后卫沃尔特·克莱德·弗雷泽（Walt "Clyde" Frazier）。

这一年弗雷泽和彪马签约代言，一年收益 2 万 5 千美元，还有每卖掉一双鞋 25 美分的提成。这款鞋就是彪马 Clyde，由旧款球鞋升级成麂皮材料球鞋。很少有球鞋和它的代言人如此般配。

在球场上，6 英尺 4 英寸高（约 1.93 米）的弗雷泽是赛场上较早的大个后卫之一，它本身就像美洲豹[1]：迅猛，沉着，得心应手。

---

1 Puma，彪马，意为美洲豹。

球场之下，他也是魅力十足。当他头戴宽边帽，身着定制西装，开着劳斯莱斯沿第七大街直到麦迪逊广场花园时，他重新定义了街头潮流。

彪马 Clyde 名副其实，是物料材质和设计风格的完美结合，既是为弗雷泽量身打造，又是为篮球而生。它是第一款设计得足以发出时尚宣言的篮球鞋。之前，帆布鞋是篮球鞋的支柱，到 1973 年皮革才开始流行，麂皮还根本没被当做球鞋的制作材料。

我们还记得自己突然踮起脚尖，看着全新 Clyde 球鞋从鞋盒里拿出的那一刻。球鞋有柔软的麂皮表面，两旁是气孔和对比鲜明的条纹。彪马标志性的线条和显眼的拱形之下，每双鞋上都有克莱德金色的签名。

即使当时只有 9 岁，我们内心也对这双鞋超越时间的酷劲儿充满敬意。

1975
PONY TOPSTAR

Rising ｜ 崛起之路

在 20 世纪 70 年代中期，波尼（PONY）球鞋还是篮球比赛中的新人。罗伯托·米勒（Roberto Mueller）在 1972 年创立了这一品牌，相比耐克、阿迪达斯这类巨无霸，它还是条可怜的小狗。但迅速赢得街头口碑并不困难——总之，它的名字随后成了"纽约制造"的代名词。

距嘻哈的诞生地布朗克斯只有一个区的距离，这一曼哈顿品牌在大卫·汤普森（David Thompson）和达里尔·道金斯（Darryl Dawkins）这类球星刚刚崭露头角时，就在新人赛季签下他们。同一年，波尼推出了 TOPSTAR 球鞋。

经济的价格和简洁的外观，这款鞋真是性价比极高。皮革或者麂皮的鞋面，有衬垫的鞋领，绒布的鞋底，还有波尼 V 字形的标志，这也是公司口中篮球鞋完整生产链中的组成部分，这一标志的设计是为了"让你更近一步"。这些措施果然奏效。在汤普森和道金斯之后，50 多名球员都有相应款球鞋出售。

TOPSTAR 款球鞋起初只根据这些 NBA 球星发布高帮或低帮球鞋，颜色也只有 NBA 球队那几种。但它耐用的设计很快让它以结实闻名。它完全是初出茅庐，穿着这款鞋上球场需要足够的勇气，这些球员最好把同样的勇气投入到比赛中去。

直到 20 世纪 80 年代，波尼球鞋才达到巅峰。那一年，小巧的斯伯特·韦伯（Spud Webb）穿着波尼球鞋，好像挥着这座城市的翅膀，傲视群雄，一举拿下扣篮大赛冠军，这一过程也赢得了全世界的关注。到这时，无论哪个领域的运动员都成了波尼的追捧者，包括贝利（Pelé）、穆罕默德·阿里（Muhammad Ali）、雷吉·杰克逊（Reggie Jackson）、丹·马里诺（Dan Marino）。

TOPSTAR 款球鞋是波尼这座大厦中最重要的一块儿砖——这是一个美国小品牌如何打入全球市场的故事。如今，TOPSTAR 款球鞋是个复古的标志，以全新的色彩和组合回归市场。

1976
Converse
Pro Leather

Tougher Than ｜ 更坚强……

到 20 世纪 70 年代中期，朱利叶斯·欧文（Julius Erving）已是著名的 J 博士，或者在哈莱姆区的洛克公园，他有另一个响亮的名号"黑色摩西"。有些人还叫他"胡迪尼"[1]。无论外号如何，欧文都是街头的一段传奇。因此，在 1976 年，当 ABA[2] 并入 NBA，曾在 ABA 的弗吉尼亚绅士队和纽约篮网队作为主力球员效力的欧文，其明星光环越发为大众瞩目，匡威也意识到他就是合适的人选。

公司没有浪费时间，立马和欧文签下起初仅有 2 万 5 千美元的代言合同，传奇已拉开序幕。Pro Leather 款球鞋当年随即上市，这是公司迈出的精明一步。

优质的皮革、整体结构的外底、明星签字的 V 字标志，其展示的创造力和独特风格足以让这款鞋光芒耀眼、经久耐用，最重要的是，它在当年异常受欢迎。欧文的认可让它享有持续的成功，成为早期嘻哈文化中最流行的球鞋款式之一。即便随后被球员们在球场上淘汰，这一品牌依然图腾般地存在着。

1　Houdini，美国知名魔术师。

2　American Basketball Association，美国篮球协会。

可以肯定地说，相比其他穿着匡威鞋的球员，除查克·泰勒（Chuck Taylor）之外，J 博士对这一品牌的贡献最大，但这不是说只有他才对匡威有所付出。

在迈克尔·乔丹（Michael Jordan）还没成为飞人更没有乔丹品牌时，他在北卡罗来纳州穿着匡威鞋打了三个赛季。1982 年与乔治城大学争夺全国冠军的比赛中，乔丹在最后时刻投入了关键一球，赢得了他职业生涯中第一场让观众永生难忘的胜利。当时，他穿着的就是白色配北卡蓝色的 Pro Leather 款球鞋。凯尔特人队的传奇拉里·伯德当时也穿着职业皮革款球鞋。

这款球鞋和街头文化独特的关联，让它成为受欢迎的复古商品，尤其是它和精品球鞋商店"不败"（Undefeated）、知名设计师约翰·瓦维托斯（John Varvatos）、艾斯酒店（Ace Hotel）等品牌合作的特别版球鞋更成为收藏对象。当然，还有乔丹版球鞋。

1973
Nike Blazer

Fire and Ice ｜冰与火

当年耐克还没有成为耐克，无论从实力上（如今这个大集团可以发布一款像登山靴一样的球鞋，把它命名为"耐克篮球 2014"，然后看着 Hypebeast 网站上大家吐沫横飞、骂声一片而无动于衷），还是名称上 [在初创时期，公司的名字还叫"蓝带体育"（Blue Ribbon Sports）呢]。那么问题来了：这一品牌是怎样引起瞩目的呢？

看看耐克第一款高帮篮球鞋，你就会开始"瞩目"了。耐克 Blazer 带着鲜明的"旋风"（Swoosh）标志，它是如此大个，从此之后就代表了这一品牌，成为顾客选购的引导，深入地球上每个篮球爱好者的大脑。现在，这款鞋的样式看上去有些保守了，但当年它可是别具一格的、不走寻常路的。篮球世界则对它显示了格外的包容。

从西德尼·威克斯（Sidney Wicks）到世界·自由先生[1]，从保罗·韦斯特法尔（Paul Westphal）到达内尔·格里菲斯（Darrell Griffith），从西雅图的 DJ 和 Gus[2] 到整个波特兰开拓者队的训练长凳上，在 20 世纪 70 年代早期，耐克 Blazer 无疑就是球鞋的代名词。

---

1 World B. Free，沃尔德·B. 弗里，本来叫劳埃德·伯纳德·弗里，1981 年 12 月 8 日，他完成了把名字改为 World 的法律程序。

2 指球星丹尼斯·约翰逊（Dennis Johnson）和盖斯·威廉姆斯（Gus Williams）。

随着时间推移，Blazer 球鞋因为结实、粗犷的设计，也成了滑板文化的日常用品。如今，它成了完美的休闲球鞋——如果非要分类的话，耐克球鞋大致有这几个光辉的时刻。

从根本上讲，从 Air Force 1、Dunk、到 Air Jordan I，到任何挂着耐克"旋风"标志的球鞋，Blazer 简直是每款经典耐克篮球鞋的先祖。就像乔治·格文（Gervin）是耐克代言人凯文·杜兰特（Kevin Durant）等瘦高得分手的前辈一样。

事实证明，人们确实开始"瞩目"耐克了。

1979
adidas Top Ten

Upper Tier ｜再高一级

在职业生涯的末尾，相较球员身份，NBA 传奇人物里克·巴里（Rick Barry）显得更具有个人色彩。这不是说他作为休斯敦火箭队的组织前锋对球队已不再有贡献，但到了 1979 年，巴里确实过了他的巅峰期。然而，作为篮球史上的传奇人物之一——只要他开口，人们还会专心聆听。

所以，当巴里签约阿迪达斯帮助推广公司最新的比赛球鞋时，他不只是简单地出借姓名来帮助造势。相反，巴里提出了一连串帮助球鞋改进的建议，以及不少创新的点子，足以帮助阿迪达斯创造新一代最棒的球鞋。

这款鞋之所以命名为 Top Ten（十佳球员），因为它最早想针对 NBA 当时十大"最佳"球星设计签名款鞋：道格·科林斯、马奎斯·约翰逊、科米特·华盛顿、博比·琼斯、比利·奈特、西德尼·威克斯、米奇·库普切克、凯文·格里文，以及未来入选 NBA 名人堂的阿德里安·丹特利和鲍伯·兰尼尔[1]。当然，不光是他们能享有这款产品。年轻的控卫之神（point god）伊塞亚·托马斯（Isiah Thomas）在印第安纳打球时穿着 Top Ten 球鞋。稍后，闪亮的德保罗大学控球后卫罗德·斯特里克兰（Rod Strickland）也是如此。

1　Doug Collins, Marques Johnson, Kermit Washington, Bobby Jones, Billy Knight, Sidney Wicks, Mitch Kupchak, Kevin Grevey, Adrian Dantley, Bob Lanier.

　　并不是所有名字都能让如今的年轻人有共鸣，但是 Top Ten 这款鞋的意义直到今天仍能引起共鸣，正是它颇具技术含量的设计为随后 20 年篮球鞋收藏热铺平了道路。像球鞋的领子，额外的填充设计为脚踝增加了支撑，人字形的外底和锯齿形的边缘增加了柔韧性和抓地力。像鞋的包头和全纹皮革表面都开了气孔，方便空气流动。还有胖得像小猪似的鞋舌头，非常柔软，上面印着 Top Ten 的商标。

　　这款球鞋和你最爱的球鞋有部分共同血统，它又生来带着"里克·巴里，发明者"（Rick Barry, Inventor）部分印记，因为里克参与了球鞋原始版的宣传活动。

1983
adidas Forum

Strap Up ｜ 绑紧了

《热爱我的生活》（*Love My Life*）是专辑《杀手季节》（*Killa Season*）的最后一首歌，这是来自哈莱姆区的嘻哈歌手 Cam'ron 的第五张录音室专辑。在这首歌的第二个版本中，Cam'ron 唱到尽管自己磨得脚疼，还是穿着阿迪达斯 Forum 球鞋。

这款街头经典球鞋在 2006 年春天再度发售——比 Forum 款球鞋初版发售时间晚了超过 20 年。显然 Cam'ron 穿的鞋太小了，或者鞋带绑得太紧了，因为 Forum 球鞋对硬木板或者沥青路来说，是再舒适不过的垫子。

作为 Top Ten 的后继者，Forum 让阿迪达斯篮球鞋开始有了脚踝上搭扣的皮带，还提供高帮、中帮、低帮样式，以适合任何人的需求。这也是第一款同时提供三种鞋帮高度的球鞋。球鞋表面甚至中底边缘都明显地摆着三条纹和三叶草的标识，确保买家知道这是阿迪达斯的产品。尼克斯队中锋帕特里克·尤因（Patrick Ewing）在新人赛季就穿着 Forum 高帮球鞋，他穿着这款售价仅 100 美元的球鞋创造了令人惊叹的技术数据，Forum 球鞋瞬间销量大增。

当这款鞋在 25 岁生日时重新发售，熟悉球鞋历史的人再度对这款球鞋投入疯狂的爱。如今，Forum 依然充满生命力，经过像杰瑞米·斯科特（Jeremy Scott）这类出色的当代设计师的重新包装，使它在经典样式之外，还展现出高档艺术品的风采。

杀手 Cam 的篮球生涯在他成为职业音乐人前就结束了。但阿迪达斯 Forum 球鞋的街头形象却永远不朽。有趣的是，当 Forum 球鞋在 1984 年首次亮相球场，谁能想到丹尼·费里（Danny Ferry）穿的这款鞋如今会变得这么嘻哈？

1982
Nike Air Force 1

Presidential ｜霸气侧漏

你应该已经知道了。如果 1982 年以来你是篮球比赛或者嘻哈演出的常客，你肯定已经知道这段故事了：耐克 Air Force 1 不光是有史以来最重要的一款球鞋，还是有史以来跨界融入流行文化最深的一款球鞋。

当天才设计师布鲁斯·基尔戈（Bruce Kilgore）开始简洁而又具有颠覆性的设计时，他无论如何也不会预见到这款鞋如此长寿——超过 1 800 种配色，无数次在嘻哈音乐中被提起，价值 2 000 美元的定制服务，还有几十年来对篮球的影响。"它究竟是怎样成为文化标志的，对我来说真是个谜。"基尔戈曾说，他是真的对此大吃一惊。

最初，它只是一款表现出众的球鞋，有摩西·马龙（Moses Malone）、查尔斯·巴克利（Charles Barkley）、麦克瑞·库伯（Michael Cooper）等明星的代言。初版是款高帮鞋，有脚踝的皮带，全纹皮革鞋面，同心圆花纹的外底。当然，还有首次在篮球鞋中加入耐克气垫技术。Air Force 1 让纵身飞跃变得更有型、更舒适。多么霸气！

基尔戈先生，现在可没有什么谜了。这款鞋上街后很快被抢购一空，先是巴尔的摩，然后是费城和纽约。在哈莱姆区，这款鞋还有个本地昵称叫"上城"（Uptowns）。在没有短信和社交网络的时代，这款鞋就像自己有了生命似的销量持续增长，让它的传奇性更显出自身的独特来。当耐克的高层在初版发售 10 年后明智地决定再版发行时，这款鞋的销量已达到让其他品牌垂涎不已的数字。

初次发售 20 年后，内利（Nelly）单曲《Air Force Ones》夺得排行榜第一名，让球鞋迷们的内部秘密为大众所知，同时拉希德·华莱士（Rasheed Wallace）证明在新千年你依然可以穿着 Air Force 球鞋打全明星赛。就像歌里鼓吹的，"给我来两双"。

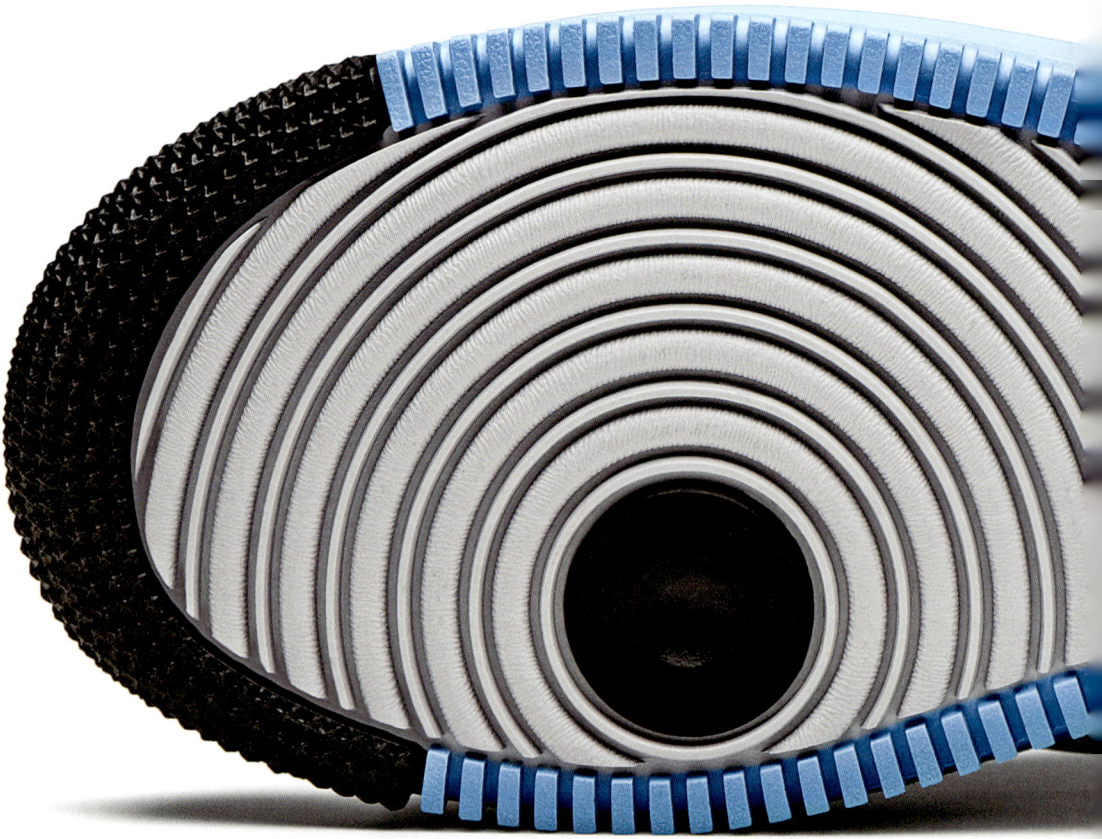

1986
Nike Dunk

Collegiate ｜校园风格

BE TRUE TO YOUR SCHOOL.

Basketball team colors by Nike. **NIKE**

它被称作耐克 Terminator 球鞋的好兄弟，以及 Air Jordan I 球鞋的混蛋儿子。作为这个家族的一员，其实它的主要工作是负责打扮得花花绿绿。也无怪乎耐克 Dunk 这款鞋会被视作经典产品。

它最早在大学生篮球赛中亮相，Dunk 这款鞋很有革新但技术含量也很低，样式简单但又有型有款。它只是像队服、球鞋、保暖服、T 恤等完整比赛装备中的一部分。但是"忠于你的学校"（Be True to Your School）这句广告口号和球鞋多彩的配色无关，却比球场上任何一种颜色都亮眼。Dunk 球鞋的宣传标语则暗示，这款鞋可不止颜色那么简单。

从有历史渊源的肯塔基大学到以玉米黄和蓝色为标志的密歇根大学，到鲁特·奥尔森（Lute Olson）立下一连串功劳的亚利桑那大学，再到德里克·科尔曼（Derrick Coleman）和他的队友效力的锡拉丘兹大学，每支穿着初版 Dunk 球鞋的大学队都有着自己的个性。爱荷华大学和圣约翰大学也有自己的配色。内华达州立大学拉斯维加分校（UNLV）甚至定制了一款运动衫，为了和球场上耀眼球员脚上红灰色的 Dunk 球鞋相配。

Dunk 球鞋迅速进入球员和球鞋迷的视线，随后又销声匿迹。就像如今耐克每发布一款球鞋就将老款淘汰一样。Dunk 经历了在零售市场上自然发展又逐渐退出的过程，随后更有技术含量的新一代球鞋将会登场。

无论 Dunk 的价值是否在当初被低估，还是它更像一款好酒等待慢慢被发酵出味道来，10 多年过去，这款鞋终于得意扬扬地回归市场了，而且这次归来就没打算再离去。球鞋迷们热衷于它的多功能性和经久耐用，使得这款鞋引发至少两度崇拜的潮流。怀旧的篮球迷依然钟爱高帮鞋的经典款，但更令人瞩目的是，滑板文化的粉丝们也爱上这款球鞋——只要看看耐克 Dunk SB 款球鞋昂贵的价格、夸张的配色，还有庞大的消费人群，就可想而知了。

1985
Air Jordan I

One for the Money ｜为了赚钱

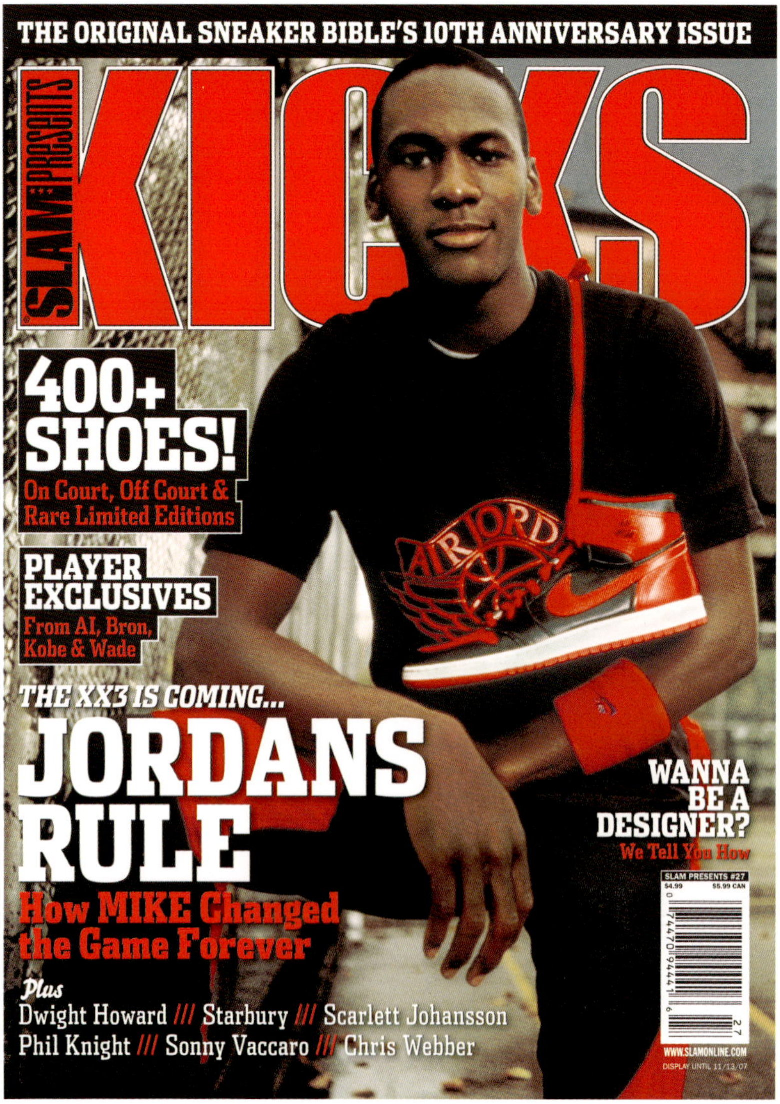
THE ORIGINAL SNEAKER BIBLE'S 10TH ANNIVERSARY ISSUE
SLAM PRESENTS
KICKS
400+ SHOES!
On Court, Off Court & Rare Limited Editions
PLAYER EXCLUSIVES
From AI, Bron, Kobe & Wade
THE XX3 IS COMING...
JORDANS RULE
How MIKE Changed the Game Forever
Plus
Dwight Howard /// Starbury /// Scarlett Johansson
Phil Knight /// Sonny Vaccaro /// Chris Webber
WANNA BE A DESIGNER?
We Tell You How
SLAM PRESENTS #27
$4.99 $5.99 CAN
WWW.SLAMONLINE.COM
DISPLAY UNTIL 11/13/07

　　除非你经历过那样的年代，否则很难跟你解释 Air Jordan I 所引发的狂热。这种经历还不能只是口头上的，而是要你不但真的热爱上某项运动，还要真的爱上从事运动的那个人，以及那项运动和那个人所引领的时尚风潮。

　　乔丹的新秀赛季成为 NBA 历史上最炫目的新秀赛季之一，这赛季的末尾，耐克推出了 Air Jordan I 这款令人啧啧惊叹的球鞋，横扫了零售市场。曾经，把一双有耐克标志的球鞋从品牌中分离出来，专为乔丹打造一个品牌，还仅仅是体育经纪人大卫·法尔克（David Falk）的大脑瓜里的一个想法而已。

　　迈克尔·乔丹是一个长相还不错的年轻人，他从篮球名校北卡罗来纳大学转到备受媒体关注的芝加哥球队，并迅速成为一个现象。不仅因为他球打得好，是全明星赛场上的焦点，平均每场得到 28 分以上，还因为他取得这些成绩时显示出的特别天赋。他基本不远距离跳投，或者背对篮筐突然转身投篮。

他带着满满的进攻性，大力灌篮。人们乐于看到他高高跳起，飞跃一个又一个篮筐。

乔丹在电视上很有亲和力，让他即便穿着勃肯鞋[1]也会显得很酷，穿着耐克更是不差。彼得·默罗（Peter Moore）是一个被低估了的设计师，他创造了带着翅膀的篮球标志，这一图案被摆放在耐克标志之上。韦柯广告（Wieden+Kennedy）则借助 NBA 禁止乔丹穿红黑颜色球鞋上场打球的机会，拿"封杀"做起商业炒作。

剩下的事交给消费者来办。因为狂热迷恋着乔丹的比赛和这款鞋独特的样式，人们买了一双又一双，购买的队伍长得足以让耐克成为篮球领域的统治品牌，使耐克有实力重新定义球鞋产业。另外，幸亏"复刻"日益热门，现在这款鞋每年还能卖上百万双。

1　Birkenstock，世界知名的德国凉鞋品牌，拥有超过二百多年的历史。

DIGGING AND DEADSTOCK:

Sneaker Collecting Then and Now

BY RUSS BENGTSON

海淘球鞋和全新货品——球鞋收藏的过去和现在
罗斯·本特森

　　我第一次买球鞋时还没有想过马上就穿上它，那碰巧也是我第一次买复刻版球鞋。可能我应该早点开始尝试这些，不过除了 Chuck Taylor 球鞋和 Air Force 1 之外，"复刻"的概念才刚刚出现。另外，我最终又多买了一双。所以，我在 20 岁出头时，买了我第二双 Air Jordan II，替换掉我那双刚穿了几年的球鞋。如果我现在算是个收藏球鞋的人——从数量上看，我应该算——所有一切应该从那时候起步。

　　那是 1994 年，迈克尔·乔丹离开篮球场打棒球去了，耐克公司觉得把之前和乔丹合作的三款球鞋重新发售应该是个不错的主意。这三款球鞋分别曾在 1985 年、1987 年和 1988 年发售。耐克给新版球鞋配上特殊的包装盒，以及印有球鞋照片和背景故事的又大又光亮的卡片，甚至包装纸都是特制的。新版发售时间跨越两年，从 1994 年到 1995 年。这几款是有史以来最棒的球鞋，而且是为有史以来最棒的球员设计的。现在……它们就摆在那里，就在那里，就在那。最终你会花 19.99 美元买上一双。不久后，迈克尔·乔丹返回 NBA。不管怎样，这应该算是"复刻"了吧。

　　兄弟，这可真不是。

MICHAEL JORDAN
CHICAGO BULLS ®

THE IN YOUR FACE

JULY 1996

让我们把时间往回倒一点。球鞋收藏可不是从复刻开始的，我也不是最早搞收藏的人。让我们后退到迈克尔·乔丹还是北卡罗来纳高校里穿着阿迪达斯打球的学生时，那时鲍比托·加西亚（Bobbito Garcia）、丹特·罗斯（Dante Ross）、迈克尔·贝因（Michael Berrin）这样的人还在纽约的五个区（以及纽约之外）内的球鞋店里淘货，寻找能让他们穿出去炫耀的稀世珍品。那时候像加里·考斯比（Gerry Cosby）这样的体育用品店把 NBA 球员同款球鞋拿来兜售，卖给少有的识货的人。在过去没有 Instagram 和 Twitter 的日子，你只能用最古老的方式来炫耀你的收藏——穿着它们。即便不是买来就穿，那也早晚得穿上。要是没有人穿着和你一样的鞋，那可再爽不过啦。

稍后，新的球鞋样式越来越多，球鞋技术不断进步，第一代球鞋爱好者逐渐落伍了，或者至少他们的品位落后了。在还没有复刻的日子里，想得到老款球鞋，只有一种方式：你得去淘货。这过程再简单不过了：找一家老的体育用品店，得有个待人友善的老板，说服他或她让你走进店里最昏暗、蒙着最厚灰尘的角落，往往在店后面或者是地下室里，然后你就开始找吧。在 eBay 出现之前，没有人知道店老板手里有什么货。真的，他们到底有什么玩意儿？"全新货品"（deadstock）[1] 这个词儿最初就是滞销商品（dead stock）的意思。剩余存货对老板来说不是什么好事儿，他们很乐意把货架清空。未来将成为经典的球鞋就在那里等你拿，经常只需要一点点钱。很快，球鞋收藏事业诞生了。

1　可以指某双鞋从未被穿过，现在一般应用在球鞋的拍卖会上，往往指连鞋带也没有穿上，强调球鞋新的程度。

那是球鞋收藏的黄金时代，知道为什么吗？那时候收藏还被藏家们一手把控；一款球鞋的珍贵并不由它的产量决定（尽管那些专为球星制造的款式还是在意产量的），而是由它的消耗情况决定。想想看，要找到一款十年前的没被穿过的球鞋，几率有多少？而且，球鞋的历史基本是直线发展的。一代接着一代，就这样一直向前发展。

假如第一批 Air Jordan 复刻版卖得还不错，球鞋收藏圈的情况不会有大变化；我们仅仅可能会发展得稍微快一点。结果是，到了 20 世纪 90 年代后期——乔丹再次宣布退役——复刻市场真的腾飞起来了。伴随着复刻市场发展的是 eBay 的崛起，无论你在世界的任何角落，只要你点下鼠标，都可以轻易买到旧款式的球鞋。只要有电脑和银行账户，任何人都可以在几天内建立跨越几代时间的庞大球鞋收藏。淘货的人还在——像亚当·莱文顿（Adam Leaventon）和克里斯·海尔（Chris Hall）——但球鞋实体店在缩水，聪明的零售商发现他们手里的老球鞋比新球鞋值钱多了。

　　一旦球鞋公司发现那些老球鞋还有市场，他们开始尝试把这些款式重新投入生产。总之，研发费用已经收回了，设计也完成了，甚至模板（有些时候）还在。这钱赚得太容易了。好像这还不够，新的版本放出三四种配色还不够。干吗不来五种配色，或者干脆弄出一打各种配色的版本来。迈克尔·乔丹第一次获得 MVP 的时候，他的 Air Jordan III 发行了四种配色。勒布朗·詹姆斯第一次获得 MVP 的时候，他代言的球鞋可不止一打颜色，还有三种不同的款式。这是一种全新的范式。

　　一种新的篮球收藏模式也由此衍生出来。这些人生长于迈克尔·乔丹和韦柯广告联手进行卓越广告宣传的年代，现在他们长大成人了，手头有了闲钱。他们愿意花钱，再买一双年轻时喜欢的球鞋，或者买一双曾经买不起的球鞋。新款球鞋发布的频率越来越快，价格越来越高。很多直接从商店运到藏家手中，拍照留念，但也许从来不会被穿到脚上。不再是一年买一双新鞋了，孩子们每周都有新鞋，或者每天都有新鞋。随着社交媒体的发展，你可以不用穿着鞋就能炫耀你的收藏。全新货品永远都有——藏家手里一摞一摞的鞋永远都是新的。

当然，这只是一种想法。就在某一天，我把一双 1993 年查尔斯·巴克利签名的鞋扔掉了。这双鞋没穿坏——实际上，穿了没几次。皮革还很柔软，外底跟新的一样，中底的泡沫有些干硬开裂了，气囊有些脏了。穿不着了，也展示不着了，它们干脆直接被扔进了垃圾箱。它们在鞋架上待了差不多 20 年。

总之，这就是球鞋收藏。球鞋不是棒球卡或者邮票，你可以把它们夹在书里面，期待它们完好如初。除非你有一个大博物馆，或者至少有一家大工厂，不然你的球鞋终究会破损开裂，不管你穿还是不穿。所以到最后，保存这段历史还是得用老旧的方式，通过回忆，或者通过类似这样一本书。如果你觉得需要显摆下你的球鞋，照老方法来就好了——趁着还能穿，穿上它们吧。

1986
Converse Weapon

Choose Yours ｜ 你挑你的

凯文·麦克海尔（Kevin McHale），会当个说唱歌手吗？那些熟知篮球历史却不太了解球鞋广告历史的球迷，肯定会觉得这个说法很荒谬。一个瘦高的白人中锋，擅长老派的内线球技，而嘻哈乐在 1986 年还远谈不上流行。两者怎么会有关系？匡威，当时 NBA 的领先品牌，把两者拴在了一起。

Weapon 这款鞋，把匡威的星星图案、V 形标志和开创性的 Y-BAR 脚踝稳定设计结合起来。Weapon 具有攻击性的外表和厚重的外形，让它看上去和像飞鸟一样轻盈的乔丹球鞋完全不同，但是对联盟里许多坚守地面的球员而言，这款鞋真是太酷了。确实，Weapon 缺少乔丹鞋的一些优点，但它是为众多大个子球员设计的，作为球队的中心人物，他们球鞋的颜色也成为球队的中心。麦克海尔和拉里·伯德（Larry Bird）穿着黑白球鞋，符合红衣主教奥尔巴赫（Red Auerbach）给波士顿凯尔特人队定下的深色球鞋的传统。魔术师约翰逊穿着三色的球鞋，白色、紫色、黄色也和洛杉矶湖人队的球服搭配得不错。底特律活塞队的伊赛亚·托马斯穿着蓝白色球鞋，达拉斯小牛队的马克·奥古尔（Mark Aguirre）穿着绿色和白色的球鞋，纽约尼克斯队的球星伯纳德·金（Bernard King）穿着橙色和白色的球鞋。

　　在还没有NBA联盟通行证[1]的日子，粉丝们很少能从电视上看到比赛，但所有球星和专属颜色的球鞋通过经典的电视广告一再亮相。在广告中，每个上文提及的球星都要在麦克风前转过身来，对代言的球鞋夸夸其谈。按麦克海尔在广告中的台词，对当年的 Weapon 球鞋和如今复刻版球鞋的幸运买家们来说，Weapon 都"从不让人失望"。

1　NBA League Pass，NBA 官方提供的比赛付费视频服务。

1987
Air Jordan II

Two for the Show ｜用来炫耀的第二代

没有耐克的标志？意大利制作？仿蜥蜴皮的鞋面？

在前一个赛季，乔丹因为伤病错过了 64 场比赛，然后他们就造出这么一款球鞋来作为 Air Jordan I 的后继？耐克公司领导的脑袋一定像 10 年后的丹尼斯·罗德曼（Dennis Rodman）一样疯癫。

Air Jordan II 是疯狂的产物还是创新的结果，一直被大家公开讨论；但最终这款产品所具有的永恒价值却不在讨论范围中。

耐克传奇设计师布鲁斯·基尔戈（Bruce Kilgore）设计了这款鞋，还策划了恰当的宣传口号："飞人乔丹：你能想象的一切"（Air Jordan: It's all in the imagination）。乔丹穿着这双球鞋完成了自己的第三个职业赛季，也就是 1986—1987 赛季。如你所知，这一年乔丹拿下职业生涯最高的每场 37.1 分，成为历史上除了张伯伦（Wilton Norman Chamberlain）之外第二个单个赛季得分超过 3000 分的球员，还赢得了他第一个扣篮大赛冠军。

Air Jordan II 的天才之处在于，尽管它外形上极度简化——连耐克的标志都没有——但它在结构上非常时尚。在把这款鞋送到意大利由靠谱的手工艺人制作之后，基尔戈——他也是 Air Force 1 的背后主创——向篮球世界介绍了第一款"奢侈的球鞋"。

它的中底变得更加厚实，幸亏球鞋采用高帮设计，也增加了脚踝支撑，让乔丹经过 1985 年的脚伤后可以更轻松地走上赛场。形式上，耐克把鞋两侧的品牌标志取消了，而把 Air Jordan 的翅膀标志在鞋舌上做成浮雕。这一变化微妙地认可了乔丹个人品牌，该品牌从此开始腾飞。

考虑到这款鞋无论是高帮鞋的初版还是低帮鞋的复刻版都引发了大量炒作，基尔戈和耐克公司这回真是疯得可以。

1988
Air Jordan III

Three for all ｜乔丹3代表一切

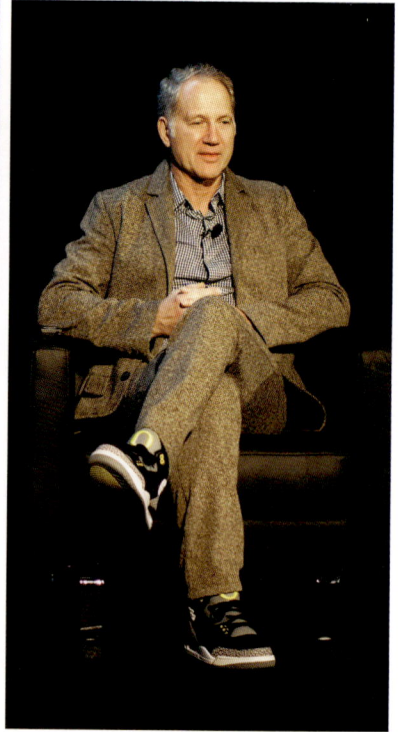

　　从技术上讲，这是 Air Jordan 系列的第三代球鞋，但 Air Jordan III 无疑创造了许多第一。

　　这是乔丹系列的第一双中帮球鞋。第一从采用可见的气垫。第一次由廷克·哈特菲尔德（Tinker Hatfield）来设计。第一次采用大象皮肤花纹图案。第一次主打飞人 Logo。更不用说吉祥物马尔斯·布莱克蒙（Mars Blackmon）了。综上所述，它能第一次走入大批球鞋迷的心灵深处，也就毫不奇怪了。

　　这段传奇是这样的：乔丹本来考虑离开耐克，正是哈特菲尔德和 Air Jordan III 把他留住了。从一个建筑师转行做设计师，哈特菲尔德应该继续设计后面的乔丹鞋，在球鞋历史上成为像乔丹一样声名显赫的人。哈特菲尔德为乔丹鞋贡献的处女设计作品——出手就是经典。

1988 年对乔丹也是幸运年。穿着 Air Jordan III，他拿了第二个 NBA 扣篮冠军，拿了全明星赛的 MVP，获得年度最佳防守球员称号，还首次拿了联盟的 MVP（职业生涯共五次获得 MVP）。这简直让人怀疑，球鞋的广告语"这就是你要的球鞋"（It's gotta be the shoes）不光是个为了引人注意的宣传策略而已。

像全纹压花皮鞋面这种制作材料的显著升级，让 Air Jordan III 达到当时球鞋技术的高峰，它的初版配色（白水泥色、黑水泥色、纯蓝色、火红色）也要求能欣赏或是穿着它的人，都得是真正的球鞋鉴赏家。

有了斯派克·李（Spike Lee）扮演的官方吉祥物马尔斯，Air Jordan III 在零售市场上炙手可热。它的再版发售也引起疯狂的抢购——1988 年初版在 2001 年和 2013 年都出了复刻版，都用了现在已成为标准配备的飞人形象——在你眼前的简直就是史上最具标志性的球鞋之一。

1989
Air Jordan IV

The Right Thing ｜正确的选择

　　绝杀的投篮。更多的吉祥物马尔斯。还有知名电影里的球鞋镜头。也许这是乔丹个人有史以来的最佳赛季。当然，在乔丹系列中，Air Jordan IV 也是被收藏最多、最受尊敬的一款鞋。

　　由疯狂的天才设计师廷克·哈特菲尔德操刀，作为最令人期待的三代球鞋的继任产品，四代球鞋果然没让人失望。乔丹也没让人失望。他穿着四代球鞋在得分上领先于全联盟，还在 1989 年季后赛中面对克雷格·伊洛（Craig Ehlo）跳投，打入那著名的击败克利夫兰骑士队的致胜一球。

　　斯派克·李也发挥了他的作用，他扮演的马尔斯·布莱克蒙出现在新一轮的电视广告中。作为乔丹产品的推销员，在当年上映的他导演的知名电影《为所应为》（Do The Right Thing）中给了 Air Jordan IV 突出的镜头。

　　电影里的场景每个球鞋迷在生活中都会时不时上演：这是恐怖的时刻，一个陌生人一脚踩在你新买的、刚从盒子里拿出来的乔丹鞋上。在一部文化意义重大的电影当中，斯派克把这款新鞋带到大众眼前。

"你踩着我刚买的乔丹鞋了！"吉安卡罗·埃斯波西托（Giancarlo Esposito）的角色突然爆发了，歇斯底里地吼起来。其他的同事则和他争论起来："哟，伙计，你的乔丹鞋太烂了。""嘿，哥们，你就该把它们扔了。这什么破烂货！"

斯派克对球鞋文化大唱赞歌，让很多孩子每天睡觉前都用牙刷擦洗宝贝球鞋。在 1989 年，孩子们刷的当然是 Air Jordan IV 了。它有牛巴革的鞋面，便于透气的网眼，还有一个用来增加脚踝保护的三角形支撑，连着一个固定鞋带的硬塑料配件。没有耐克标志，Nike Air 的标志摆在脚后跟上，"飞翔"（Flight）一词则和飞人的标志一起出现在了鞋舌上。

它仍旧是有史以来最舒服的乔丹鞋——部分原因是它在技术上不断探索。想买一双复刻版的吗？最好带上你的露营装备去排队吧。

1991
Reebok Pump
Omni Lite

Science Project ｜科学工程

锐步 Pump 球鞋的高科技最早来自实验室，球鞋技术和外观设计都有保罗·利奇菲尔德（Paul Litchfield）主导，正是他开发出一款气囊，制造出市场上穿着最舒适的球鞋。虽然 Pump 的领先技术让它在球场上表现不俗，但普通消费者对此持怀疑态度。

一切被 1991 年夏洛特的全明星周末改变，瘦瘦的波士顿凯尔特人队后卫拿下扣篮大赛冠军，也让 The Pump 球鞋进入美国千家万户。留着两旁短、上面长的发型，穿着一双 Reebok Pump Omni Lite 球鞋，迪·布朗（Dee Brown）在当晚第一期扣篮前，先俯下身子拽了拽球鞋，这一幕让这款球鞋迅速赢得了大量粉丝，也引起了追逐时尚潮流的球鞋迷的好奇心。他上演的蒙眼扣篮和那双无与伦比的黑白色 Omnis 一起，跻身最著名的扣篮大赛画面之列。

感谢布朗下意识的动作，还有他在扣篮大赛上的成功，The Pump 不光成了流行文化的一部分——"哪几个人穿 Pump 球鞋？"成了全国各地街头篮球用来挑选队友的普遍方法——也成了彰显球员个人身份的重要元素。

虽然是高水平篮球比赛的产物，为像多米尼克·威尔金斯（Dominique Wilkins）和沙奎尔·奥尼尔（Shaquille O' Neal）这样的 NBA 传奇巨星服务，但 The Pump 独特的互动性，让它也成为普通球鞋迷独一无二的选择。

鞋舌上那可迅速识别的篮球型的 Pump 标志，适应性极强的穿着体验，还有那熟悉的球鞋外形，由布朗的 Omni Lite 开始，The Pump 系列无疑是过去 25 年中最具标杆性的球鞋系列之一。这也是为什么几十年过去，它的复刻版仍享有顶级复刻球鞋才会拥有的崇高声望。

A

SHOE

FIXATION

BY LANG WHITAKER

为球鞋着迷

朗·惠特克

想想自己过去的所作所为，在机场一群尖叫的粉丝中间找 NBA 球员要他们穿过的球鞋，可能真不是什么好主意。就在那天的前几个小时，亚特兰大老鹰队刚在波士顿被打出 1988 年的季后赛，在决定性的第七场比赛中，他们以116 对 118 输给了凯尔特人队。这场比赛将因为拉里·伯德和多米尼克·威尔金斯间的博弈而被历史铭记。比赛几个小时后，老鹰队回到亚特兰大，虽败犹荣，数百名球迷在这个周日深夜守候在哈茨费尔德国际机场，感谢球员们带给大家精彩的比赛。我也在人群之中，尽管我是抱着挺自私的目的来的：我要找多米尼克·威尔金斯要他的球鞋。

说句公道话，是多米尼克几天前承诺我，如果我在第七场比赛后到机场找他，他就会把鞋给我。所以我当天晚上逃了课，和朋友托德一起夹在举着标语和横幅、欢呼声一片的球迷中间。飞机终于着陆，球员们走进机场大厅，球迷们迅速包围了他们，索要签名。我挤到多米尼克身边，提醒他履行约定，他让我跟着他去行李提取处。我试着紧紧跟着他，他基本上是跑着离开航站楼的。

　　我瞥了一眼右手边，发现老鹰队的克里斯·沃什本（Chris Washburn）在我旁边大步走着。我问他："沃什本先生，你有没有多余的球鞋？"他脚步都没停，打开随身背包，要拿出一双巨大的球鞋给我。他还没把鞋完全拿出背包时，旁边两个女粉丝突然把鞋抢走，还为了这双鞋吵起来。我不知道他们到底真的是克里斯·沃什本的粉丝，还是只想拿到点球员的随身物品。不管怎样，她们拉拉扯扯了一会儿，其中一个女的手抓空了，突然仰天砰的一声栽倒在水泥地板上。我们其他人继续大步走向行李提取处。

　　要是说有谁能真的理解对 NBA 球鞋产生狂热是什么感觉，那肯定就是我。自从五年级开始，球鞋就是我生命中梦寐以求的宝贝。有一天，我在教室里看那些年度篮球杂志打发时间，碰巧看到整页的阿迪达斯 Forum 球鞋广告。这张球鞋的照片真大，我盯着它看了整整一周时间，想象着每一处缝合，每一个细节。至少在我有限的经济预算许可的程度内，对球鞋的迷恋迅速发芽生长。我关注我喜爱的球星穿着的球鞋。我希望尽可能模仿他们，哪怕是从脚上的鞋开始。

　　大概几年后，我对球鞋的兴趣从简单迷恋开始往稍微不切实际的方向发展了。当时我爸爸带我去看老鹰队和骑士队的比赛。赛后我四处闲逛，找佐治亚理工学院球队的前后卫马克·普莱斯（Mark Price）[1]要了个签名，就签在我随身携带的球星卡上。第二天，我带着我的战利品到学校炫耀，我的朋友托德曾看过不少老鹰队的比赛，他问我，有没有球员曾送我球鞋。

　　球鞋？直接找 NBA 球员要他们的球鞋？有人肯在我的小卡片上签名我就谢天谢地了，找球员要一双他们穿着比赛并且得分的球鞋，简直是天方夜谭。但是托德跟我解释一番，让我仿佛走进一个全新的世界：几乎每个 NBA 球员都有球鞋合同在身，也就是说他们的球鞋是无限量供应的。他们每几天就能拿到一双新鞋，也就说他们那双旧球鞋穿不了一两次就用不上了。

1　骑士队队员，NBA 历史上最著名的射手之一。

　　此后两年，搜集 NBA 球员的球鞋成了我们的人生目标。老鹰队无论什么时候有主场比赛，只要学校让我们离开，我们就坐着公交车直奔奥姆尼球馆。我们在福来鸡（Chick-fil-A）快餐厅随便吃点，而不去买体育场的食物，然后买 5 美元的门票看比赛，那是最便宜的座位。体育场一开门，我们就冲进去，占领靠近衣帽间的位置。我们索要签名，试着和球员攀谈，然后礼貌地问他们在比赛后能否要一双多余的球鞋。比赛结束时，我们紧盯着老鹰队的球员。

　　在那些年，球鞋的世界也是平的，耐克还没有在 NBA 球员中占据几乎垄断的地位，要达到黄金时期它还要走好几个发展阶段。那时不少球鞋品牌先后亮相。我曾找格雷格·德莱琳（Greg Dreiling）要过一双 16.5 英寸的 Air Force 2，我还找凯文·威利斯（Kevin Willis）要过一双 Avias。阿德里安·丹特利（Adrian Dantley）给我过一双纽巴伦球鞋，其中一双的后跟上还粘着用来垫脚的东西，因为他两条腿不一般长。布拉德·罗豪斯（Brad Lohaus）把他的锐步鞋给了我。最终那天我跟多米尼克走到行李提取处，发现他的包居然是空的。他给了我他家地址，一天后我从他那拿到了一双紫色和橙色搭配的 Brooks 球鞋。

后来我和托德停止了搜集球鞋的竞赛。我得承认，我搜集了差不多两打球员比赛穿过的球鞋，没有托德收藏得多。我把它们陈列在卧室，当我从大学毕业，我父母把这些球鞋放到阁楼上，差不多 20 年都没有人再碰过它们。最近我回到家，把封装好的箱子打开，终于又重新看到了它们。它们蒙着蜘蛛网和灰尘，有些许开裂，但却让我笑了起来。

我想，假如我这些年好好照顾这些球鞋——定期清洗，在密封的容器里保存——在交易复古纪念品的地方，它们兴许能卖到不错的价格。但是我真的不在乎。说实话，我宁可把它们扔掉也不想拿去交易。我在意的，不是上面的签名，或者每双鞋的做工细节。对我而言，每双鞋依附的回忆，是多少金钱都永远无法替代的。

1988
Nike Air Revolution

What Do You Want? | 你想要什么？

俗话说眼见为实。考虑到耐克长长的球鞋产品名单，大家倒也不是对它的许诺没有信心，但球鞋迷毕竟是一群挑剔的人，还是希望自己亲眼检验一下球鞋的设计。所以当耐克最终允许球鞋迷对新产品的技术一窥究竟，这确实是件了不起的大事儿。

耐克 Air Revolution 球鞋是第一款有可见气囊的耐克篮球鞋——如今球鞋迷司空见惯的东西，在当时还是难以想象的。Revolution 球鞋所做的技术革新，为后来的 Air Flight 系列打下基础，更影响到自此以后耐克每一款篮球鞋。

是的，所谓革命（Revolution）就是产品的多样化。

这款鞋和 Air Max 1 跑鞋作为耐克 1987 年 "Air Pack" 系列产品首次

登场，Revolution 和它那高大的造型很快成为球场上的宠儿。完美契合身体的鞋舌，贴紧皮肤的内胆，都让 Revolution 给脚步提供了舒适的支撑，哪怕是对大个子球员。更不用说这款极度舒适的球鞋还有粗犷的外形和强韧的皮带呢。你知道，耐克的标志也保留在鞋面上。

伴随着披头士乐队（Beatles）的同名歌曲《革命》（*Revolution*），耐克的"革命运动"（Revolution in Motion）电视广告宣传战役打响。球鞋首发推出四款配色：品蓝、科技灰、红色和黑色。

推出一段时间后，Revolution 从硬木球场走向了铺着柏油路的街头球场。因为一出生就表现极度出色，像所有顶尖的复刻球鞋一样，它经受住了时间的考验。在耐克球鞋设计历史上，它像浮标一般占据显著地位，Air Revolution 至今仍受潮人追捧，搭配牛仔裤穿着更是完美。

1992
Nike Air Flight
Huarache

Fabulous ｜ 妙极了！

耐克 Air Flight Huarache 正像使它成为流行文化焦点的那五个篮球队员一样：狂野、不加修饰、不屑向大众兜售自己。它本身就是卖点。

当密歇根五虎（Fab Five）走进密歇根大学的校园，他们已准备好向大众展示自己的实力。这五个全美挂得上号的新人急需一双球鞋能和他们球队英勇无畏的性格相匹配——这款球鞋也需要配得上他们比其他球队都要肥大的短裤。

那么，耐克的设计大师廷克·哈特菲尔德和他的得力助手埃里克·阿瓦尔（Eric Avar）会给杰伦·罗斯（Jalen Rose）、克里斯·韦伯（Chris Webber）、朱万·霍华德（Juwan Howard）等人设计一款怎样虎背熊腰的篮球鞋呢？设计一款截然相反的球鞋怎样——Air Flight Huarache，受凉鞋造型的启发，有轻便的跑鞋般的设计，更契合脚面，让跑动更轻快，让脚部运动更加自如。

等等，这么赫赫有名的篮球鞋，灵感居然来自于夹脚拖鞋？

当然，这么说也不准确。耐克学习了墨西哥和日本拖鞋的结构，设计了能契合脚步的外置骨架，采用氯丁橡胶和皮革做材料，没有耐克标志，放弃了经典的脚踝支撑，保留了隐藏的内靴。无所谓。带着毫不畏缩的精神，五虎将穿着黑色的 Huarache 球鞋，把鞋带系成双扣，勇敢地走上球场，在大学篮球界掀起一场风暴。

Huaraches 不只在零售市场上非常成功。得益于密歇根五虎的推广，这款鞋改变了篮球鞋的制造观念，让轻便的理念重新成为设计的关键。篮球迷太喜欢初始版的 Huaraches 了，实际上，耐克在多年后又设计了 Air Zoom Huarache 2K4，几乎是同款鞋的现代重塑版。

1994
Nike Air Max CB2

Roll Out ｜不可阻挡

据说，Nike Air Max CB2 的造型受紧身衣的启发。也就是说，它非常合身，在它的职业生涯中，总是时刻准备着装备到什么人身上。

时光回转，当年的查尔斯·巴克利（Charles Barkley）好像什么都能做。他在费城登场，在凤凰城崛起，他就是一台搅拌机，是一个令人畏惧的对象，是一股不可阻挡的力量，他浑身的各种天赋都让他和其他球员区别开来。一路跌跌撞撞、浑身伤痕，他总算在 1993 年拿到了联盟 MVP。球场之外，巴克利是粗鲁易怒的人，提到他就总会想起那句臭名昭著的宣言"我又不是什么模范榜样！"

巴克利先生就是不按套路出牌。

他肯定不会深究自己代言的第一双球鞋的技术细节。什么鞋跟处可见的气囊啊，聚氨酯材料的中底啊，前脚掌为保持稳定的多重支架啊，贴身的内胆啊，还有全纹皮革的鞋面啊，他都不会在意。甚至如果必要，他都能光着脚上阵，一样把对手打翻。但他确实需要一双足够结实的鞋来承受那不可避免的冲撞。

在 1994 年，耐克和首席设计师特雷西·蒂格（Tracy Teague）考虑到巴克利那粗鲁、任性的坏脾气，还有像火爆兄弟[1]打球那样简单粗暴的比赛场面，最终设计出巴克利最棒的一款球鞋 Air Max CB2。这款鞋的减震和贴身效果空前绝后，对像巴克利这样无情、凶猛的球员来说，又轻便得恰到好处。这款鞋还设计有鞋带锁扣，以及金属的网眼皮带，足以经受"篮板圆球"（Round Mound of Rebound，巴克利的外号）落地的冲击。

既然巴克利在禁区里动作凶猛，他的球鞋也得和他猛烈的动作相匹配，无论是功能上还是外形上。

1　Bash Brothers，电影《魔速小子 2》（*Mighty Ducks 2*）中的人物。

1996
Nike Air
More Uptempo

Pip Speak ｜听皮蓬怎么说

"这是耐克 Air More Uptempo, 是斯科特·皮蓬（Scottie Pippen）的篮球鞋, 是耐克气垫鞋中最棒的一款, 能吸收强大的冲击力, 提供足够的稳定性。这是有史以来缓冲效果最好的一双篮球鞋。"

这是杂志上为 Air More Uptempo 球鞋刊登的广告词。但你根本不会留意那些小字, 你眼里全都是球鞋上大号的 "AIR"。没有哪款鞋像 Air More Uptempo 这样讨厌了, 耐克可能也就想把鞋做成这样子。鞋两侧都做成 AIR 字样, 不管比赛时你坐在哪里都躲不过去——不管是坐在鼻血位置（nosebleed seat, 指最远的位子, 基本看不到比赛, 气到流鼻血的位子）, 还是坐在客厅的沙发上。它太显眼了, 太 90 年代风格了, 简直就是尖叫着告诉你这是耐克的产品。

还有, 它的代言人, 就像这款鞋的印刷广告一样, 实际上很柔和。品牌还是消费者都一窝蜂地围绕着乔丹, 像皮蓬这样的公牛队其他球星经常容易被忽略掉。但是千万别搞错, 皮蓬也可以代言球鞋的。

1996 年 NBA 决赛中公牛队击败了超音速队，皮蓬穿着 Air More Uptempo 上场，随后在亚特兰大夏季奥运会候场时，他也穿着这款鞋显示爱国之心，最终他和队友拿到了金牌。但对这款鞋来说，可不只是在亚特兰大露面两个星期这么简单。

Air More Uptempo 是耐克 Uptempo 系列球鞋的旗手，诞生于 1995 年。设计师威尔逊·史密斯（Wilson Smith）用牛巴革材料制作了大号的"AIR"字母。从鞋跟到鞋头，从鞋底到鞋帮，全部被字母覆盖。甚至充斥鞋底儿的透明气囊也被设计成透明流动的造型，成为字母的一部分。

结果就是耐克在篮球市场大获成功，毫不害臊地开起庆功会。如果你是耐克的粉丝，你肯定不会错过这款鞋。感谢近些年的复刻风潮，你现在还有机会再收藏一双。

1996
Air Jordan XI

Retro Fitness　|　再造经典

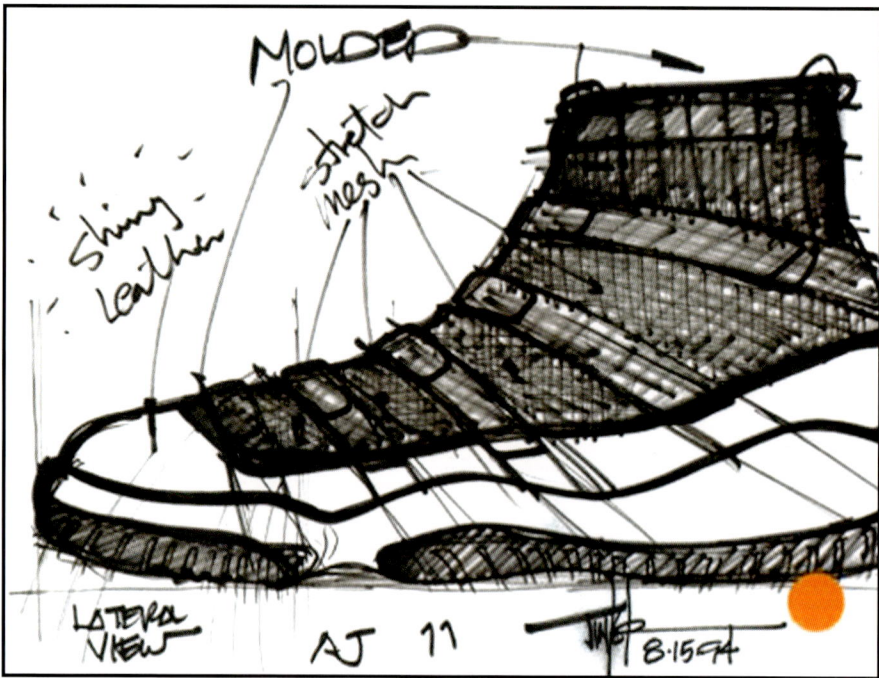

全世界的球鞋专家在描述 Air Jordan XI 时都热情洋溢——"最受喜爱的乔丹球鞋""完全是大师的杰作",甚至"有史以来最棒的球鞋"。但是说真的,根本用不着这么复杂的形容词,四个字就可以完美地概括这款球鞋。

"我回来啦!"

1995 年,迈克尔·乔丹用这么简单的四个字震撼了 NBA 以及全世界。这句话不光意味着最伟大的篮球运动员回归球场,还激励了有史以来最著名的、也是最长盛不衰的系列篮球鞋再度推陈出新。

对飞人来说,光是归来是不够的。乔丹的归来需要伴着一双球鞋,即便不是乔丹系列中最优秀的一款球鞋,它也至少应该足以和前任们并肩。Air Jordan XI 周边有太多故事,很难一一记录。乔丹在 1995 年 NBA 东部半决赛出人意料的第一次穿着这款鞋登场;随后因为不遵守联盟着装规定再次被罚

款；在电影《空中大灌篮》中他穿着这款鞋；他穿着这款鞋带领公牛队创造了
72 胜 10 负纪录，并在 1996 年夺得人生中第四枚总冠军戒指。Air Jordan
XI 重新定义了球鞋的相关话题，它本身就成为了一种现象。

　　这款鞋是传奇设计师廷克·哈特菲尔德最佳的作品吗？差不多是了。但是
乔丹也有所贡献，他推动设计时前所未有地采用漆皮材料，创造了篮球鞋的经
典造型。无论在球场上还是球场外，这款鞋都显得有型有款。

　　这款鞋的复刻版引发的癫狂也值得一说。《灌篮》杂志 100 期读者评选中，
这款鞋赢得了年度最佳球鞋的荣誉。现在，不少这款鞋的经典配色因它们的昵
称而为人熟知——黑白混血儿、冷酷灰家伙、康科德紫葡萄，还有空中大灌
篮——人们露营排队，把球鞋抢购一空，让 Air Jordan XI 的复刻版就像代言
人的冠军光环、灌篮动作和吐舌头的小习惯一样，也成为一段传奇。

1999
Air Jordan XIV

Fast Shot｜迅猛绝杀

乔丹对跑车的喜爱众所周知，有趣的是，这是不是刚好也和他机械般的能量、精确的技术、顶级的飞翔水平完美匹配？

对 Air Jordan XIV 来说，设计师廷克·哈特菲尔德和公司深入挖掘了乔丹的爱好，受跑车启发，制作了一款好似"奢华座驾"的篮球鞋，外形模仿法拉利 Maranello 550，这刚好也是乔丹最喜欢的车。在炫酷的外形之下，则满是最新的技术。正如哈特菲尔德阐释的："XIV 再现了乔丹对汽车的热爱；这款鞋展示的是他当时酷爱的意大利跑车。"

结果，乔丹系列中空气动力学方面最具创新的球鞋诞生了，它有空气调节的降温系统，网眼透气孔，不对称的鞋帮，鞋跟和前脚掌的气垫，银色金属包头的鞋带，还有画龙点睛的一笔和法拉利标志类似的飞人 logo 附在鞋的两侧。说实话，这款鞋真的看上去像法拉利车。

然而，XIV 之所以对球鞋迷意义重大，还是因为它参与了球场上最令人难忘的那一瞬间。那一刻太过伟大，至今仍被称为乔丹的"最后一投"，尽管他后来在华盛顿再度复出。

回顾过去，要知道投篮失败被当做替罪羊是很正常的。所以实际上在球场上这样的绝杀场景是很罕见的。当乔丹运球并在最后 5.2 秒完成面对爵士队的致命一击，从而连续第二次在总决赛打败爵士队，并捧得个人第六个总冠军时，这一画面立刻成为海报的热门题材。海报贴遍了美国每个孩子的床头，他们自然会爱屋及乌地关注乔丹穿的什么鞋，是什么球鞋在球场上陪伴这位伟大射手？还没发行的黑红配色的 XIV 成为这款鞋的标志——也是 XIV 中最受欢迎的一款，至今仍和"最后一投"联系在一起。

这一场景和这款球鞋的外形一样让人惊叹，使得这款鞋成为零售热门，以至于当乔丹宣布二次退役时，粉丝们的热情让大家相信，乔丹系列球鞋可以永远一代一代做下去，不管乔丹是否还打篮球。

1996
Reebok Question

No Doubt | 不用怀疑

一款让人印象深刻的球鞋不总是需要性感的造型和热门的技术。经常地，打造一款经典球鞋，更重要的是那个把名字和形象都贡献给这款球鞋设计的那位球星。

恐怕在 1996 年锐步 Question 之前，还没有哪款球鞋由外形、名称和代言人一起制造了一场完美风暴。当锐步听说乔治城大学有个厉害的年轻后卫，在街头打球也很有口碑，他们果断出手签下了他。

在阿伦·艾弗森（Allen Iverson）还没成为"答案"之前，他确实是个大问号——即便在 1996 年选秀中拔得头筹，很多人还是怀疑他的个头还有态度。

有一点是确定无疑的——这哥们增加了这款球鞋的分量。初版 Question Mid 推出白蓝和白红配色，拥有像被冰包裹住的鞋底，有珍珠般光泽的外底，全纹皮革，有非常扎眼的蜂巢造型的气垫避震系统（Hexalite），这些都被孩子们疯狂追捧。孩子们像疯了似的搜罗 Question。他们挤上汽车，蜂拥到费城，球鞋就在这里首发，而且很快销售一空。

同时，艾弗森很快让质疑他的人闭了嘴——而且他表现得很有范儿。他拿到年度最佳新秀奖，一路上穿着 Question 创造了诸多标志性的时刻。当他穿着珍珠配海军蓝色的 Question 球鞋两次和乔丹狭路相逢，这个弗吉尼亚男孩在短时间内就震撼了乔丹。他，和他的篮球鞋，改变了篮球。

Question 球鞋的力量一直延续。经历了费城主场遭遇乔丹那个重要的夜晚，2013 年它于乔治城再度发售时，保留"问号"（Question）这个名字，让曾质疑艾弗森的人显得傻乎乎的。有人形象地说，艾弗森、锐步，还有这款球鞋的粉丝们，可以在美国各地大声地回应了："不用怀疑了，答案是肯定的！"

1997
adidas KB8

Crazy Fresh ｜疯狂的新人

　　科比·布莱恩特（Kobe Bryant）还是 18 岁的菜鸟。那时，他是 NBA 联盟有史以来最年轻的球员。他还没有爆发，在 1996—1997 年最佳新人评选中都没排进前五名。但是，科比是特别的。

　　1997 年全明星周末，他成为最年轻的扣篮王，从而跃入大众视野。他也在新秀赛季展现出独特的活力，这些特点在未来让他成为独一无二的科比。阿迪达斯设计团队意识到这个费城男孩将受到全世界的欣赏，他应该有一双自己的球鞋。

　　但是大众还没有确认。一个少年就有了自己代言的球鞋？"甚至在球队里他都不是最好的。"反对者异口同声地说。

　　看看这款球鞋吧：它设计大胆、外形耀眼、天生为篮球而造，让那些反对的声音一夜之间蒸发了。

科比的第一双代言球鞋，拥有阿迪达斯的"天足"技术（Feet You Wear），自然贴合脚面，伴随着 adiPrene 缓冲技术，让 KB8 穿起来非常舒适。阿迪达斯大胆地从鞋底到鞋带都应用了三条纹样式，这不仅是形式上的创新，圆形的边缘也增强了球鞋的灵活敏捷性。

阿迪达斯 KB8 以及稍后的 Crazy 8，也就是 KB8 的复刻版，依然疯狂畅销，这款鞋始终被称赞为流水线上制造的最棒的篮球鞋之一。

公牛队的后卫德里克·罗斯（Derrick Rose）在他获得 MVP 的 2011 赛季就穿着 Crazy 8 出场，阿迪达斯曾经赞助的遍布全国的 NBA 球员和学校篮球队至今对这款鞋依旧忠心，即便"憨豆先生"[1] 早已离开这一品牌——这更证明了这款鞋本身的魅力。还有，16 岁的贾斯汀·比伯（Justin Bieber）在 2011 年明星篮球赛中穿着 Crazy 8 赢得了 MVP。你还想要怎样？

1　科比中间名是 Bean，因此被戏称为 Mr.Bean，即憨豆先生。

1997
Nike Air
Foamposite One

Heaven Cent ｜ 来自上天

走进拥挤的体育馆，或者挤上一辆地铁列车，或者在东海岸随便一个街角，你肯定会像遇到其他款式的篮球鞋一般，遇到一双 Foamposite。

Dr.Doom、Eggplant、Stealth，还有 Galaxie 等一连串球鞋都是耐克 Air Foamposite One 的后代——这款球鞋的设计一举改进了篮球比赛。

得归功于那不加掩饰的好奇心、独一无二的开放观念，还有超级天才后卫安芬尼·"便士"·哈达威（Anfernee "Penny" Hardaway），以及自密歇根五虎之后最酷的高校篮球队，Foamposite One 从构思到扬名立万比耐克设计师埃里克·阿瓦尔（Eric Avar）能想象的要快得多。

在哈达威给这款未来主义的篮球鞋带去祝福之后，耐克又签下了娃娃脸的亚利桑那大学后卫麦克·毕比（Mike Bibby），让他享有一双原始版球鞋的尊贵配色，这款鞋在 1997 年 3 月成为球场焦点。此时，亚利桑那大学野猫队正在夺取全国冠军的路上。几天后，哈达威让这款鞋在 NBA 首次亮相。

考虑到 Foamposite 系列随后的受欢迎程度，很容易忘记它并不是一开始就在零售市场上大受欢迎的。差不多 200 美元的价格——甚至比乔丹鞋还贵——让争议声始终围绕在它身边。

"耐克就是不走寻常路。"大家说。这款鞋有符合空气动力学的造型，还有耀眼的保护外壳。有趣的是，激发这款鞋创作灵感的正是甲虫。与众不同的蓝色外壳，由汽车公司韩国大宇（对，就是大宇）来制作模具，造价 750 000 美元的模具现在已被销毁。正是这款模具铸成了无缝的、好像凝固液体般的外壳，以及全脚掌的 Zoom Air 气垫。

当时，人们根本没期望一双球鞋能超越乔丹系列。至少，这款鞋开始也没以哈达威的名义出现，他已有两个"Air Penny"系列的球鞋了。但有股声音告诉哈达威，为了这款球鞋值得暂停其他一切事情。

很快，那些资深球鞋迷就要 —— 我想不到更好的词儿 —— 为一双 Foamposite 而争得唾沫横飞了。

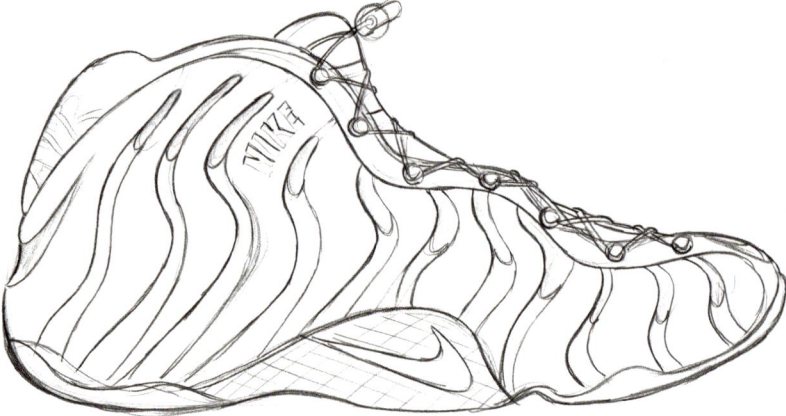

NIKE.

BBALL.

DOMINANCE.

BY SCOOP JACKSON

耐克的霸主之路

斯库普·杰克逊

我今天所做的一切，都源于一张海报。海报上的人对我们而言，是介于球员、球鞋代言人、神之间的人物。他的名字叫乔治，我们把他叫做"冰王"。

海报里，他坐在冰块砌成的王座上。双腿交叉，一条金链悬在脖子上。耐克 Blazers 球鞋给他的双脚带去祝福。没有什么炫酷的装饰，只有他和两个银色的篮球，还有身后透明的篮板。好像天堂就是他的球场。

但是，海报右下角那四个字母的弯箭头标志，虽默不作声，但却振聋发聩。

看，这张乔治·格温（George Gervin）著名的海报并不是为了标榜他比查德·朗德垂（Richard Roundtree）或者安东尼奥·法加斯（Antonio Fargus）还要牛，它要标榜的其实是耐克的高销量、高市场占有率以及篮球界对这一品牌的认可。要知道，这一体育项目在历史上早就和匡威有着长期的"婚姻"关系，还和阿迪达斯有着"情人"般的稳定关系，耐克简直就是破坏人家和谐关系的混蛋。

耐克软硬兼施地挤进篮球界。作为一家公司，耐克赞助的球员都是等级为 B 的 NBA 球员（除了格温），还有美国西北角大学校园的球队。他们的目标从来就不是通过球鞋在篮球界占据统治地位。耐克只是简单地想让篮球界意识到，一旦进入球鞋的领域，这就不是比赛了——这可是生意啊。

商业存在的基本原则是什么？需求和供给。相比于其他体育项目，耐克利用篮球，用篮球界从未见过的生产方式重新定义了市场供给的意义，同时又创造了即便灵媒约翰·爱德华（John Edward）也无法预见的市场需求。

它好像散布了人们看不见的毒品，让人们迅速上瘾，从而赢得市场。它赢得了从医生到瘾君子的所有人的好感。它让人们沿着 95 号州际公路从巴尔地摩跑到费城再跑到纽约，就为了找一双 Air Forece 的罕见配色，好搭配自己的拉塞尔运动服和时髦的套装。它让索尼·瓦卡罗（Sonny Vaccaro）[1] 在高校里选拔篮球明星，早早地给他们穿上独一无二的、限量版的篮球鞋。它让 NBA 明星更换球鞋赞助商的频率比孩子们换好朋友的频率还高。

举个例子：我在 1994 年问蒂姆·哈达威，为什么他抛弃阿迪达斯转投耐克。他轻描淡写地说："耐克更有型。他们就好像有一百种不同造型的球鞋等着我穿呢。"

这其中正暗含着耐克崛起的缘由。除了革新球鞋技术，把顶级科学家收编为球鞋设计师之外，耐克还鼓励所有员工在隐蔽的俄勒冈州比佛顿镇耐克总部里，想尽一切创新的可能。

1　被喻为美国高中和大学篮坛教父，一手挖掘出了诸多天才级球星。同时，他也是美国篮坛一位传奇商人，曾先后为耐克、阿迪达斯、锐步等体育运动公司工作。他帮助耐克用 2 500 万美金签下迈克尔·乔丹。

TOURNEY
TIME
NCAA CHAMPIONS
NIKE BASKETBALL
INSIDE ACCESS

几乎每个想法都能得到资金支持，几乎每个点子最后都成了一款标志性的球鞋。它给每个能说服查尔斯·巴克利做出决定的人提供"原力"，给任何可以成为乔丹继承人的家伙提供"翅膀"。他们给 NCAA 的项目提供可以搭配颜色的"Dunks"和"Legends"系列产品，主要对方愿意赌一把穿上它们。它也会发现那些潜力股：Air Huaraches 是为密歇根大学一支革命性的新人球队制作的，Foamposites 是为 NBA 身高 6 英尺 7 英寸（约 2.01 米）的神奇后卫便士哈达威制作的。

耐克还雇佣了建筑师廷克·哈特菲尔德——他的圣经是《建筑模式语言》（*A Pattern Language*），而不是《天堂是个运动场》（*Heaven Is a Playground*）——他对菲尔·奈特（Phil Knight）来说，就像昆西·琼斯（Quincy Jones）对迈克尔·杰克逊（Michael Jackson）那样重要。他们让年轻的独立电影制作人斯派克·李拍摄一系列耐克广告，还用一个从火星来的小人代表乔丹出场。他们让叫丹和大卫的两个家伙——两人刚巧在广告公司负责耐克的业务——有机会成立自己的公司，也就是韦柯广告公司，把耐克从视觉上促销的理念坚持到底。

再看看上面两段文字。这两段里涵盖了对打造耐克在篮球界影响力最具代表性、最重要、最紧密相关、最不可替代、最有影响的球员和其他人物，也说明了为什么耐克可以在篮球界拥有霸主地位。假如这是一部电影，上面的文字就是蒙太奇画面。约翰·柯川的《至高的爱》（*A Love Supreme*）作为配乐可以响起了。

的确，决定为乔丹生产系列品牌，让耐克迈出了美国商业历史上最光辉灿烂的一步。耐克和乔丹的关系，让耐克可以先于消费者创造出市场需要的产品，从而巩固耐克在篮球界的权势地位。耐克的能力不止于设计出热门的球鞋，还在于它能把球鞋和正确的球员联系在一起，这些球员有助于耐克品牌在篮球界和其他一切的市场宣传。如果说每位英雄都需要一首主题曲的话。在耐克的世界里，每位英雄都需要一双和他工作相匹配的球鞋。

Zoom Flight 95 因贾森·基德（Jason Kidd）而广为人知。Shox BB4因文斯·卡特（Vince Carter）而闻名遐迩。Air Force 1 因拉希德·华莱士（Rasheed Wallace）而闪耀球场。不久之后，耐克明智地挖掘了一批天才球员，他们的篮球生涯从街头开始，却成为新一代球员的领军人物。勒布朗·詹姆斯的代言球鞋名为"LeBron"，科比·布莱恩特系列叫做"Kobe System"，凯文·杜兰特的球鞋简单地被称为"KD"。

在美国，没有哪个体育项目允许球员和品牌有这样的共存关系。公司们尝试着在篮球场、网球场上运作，却无法复制过去十年它们在篮球场上的成功。

从"送冰的人来了"（The Iceman Cometh）到"国王驾到"（The King is Here），耐克清楚地显示了谁才是真正的老板。它对篮球的影响力，比大卫·斯特恩（David Stern）、互联网以及大卫·法尔克（David Falk）加在一起还要大，耐克在篮球界留下了擦不去的足迹，没有任何一个公司可以取代它、抹掉它或者让它消失。

就在其他公司、其他品牌还觉得自己有机会能跟耐克干一架时，像凯里·欧文（Kyrie Irving）这样的新一代球星们正集体走过来，询问耐克自己是否有机会成为下一个合作对象呢。

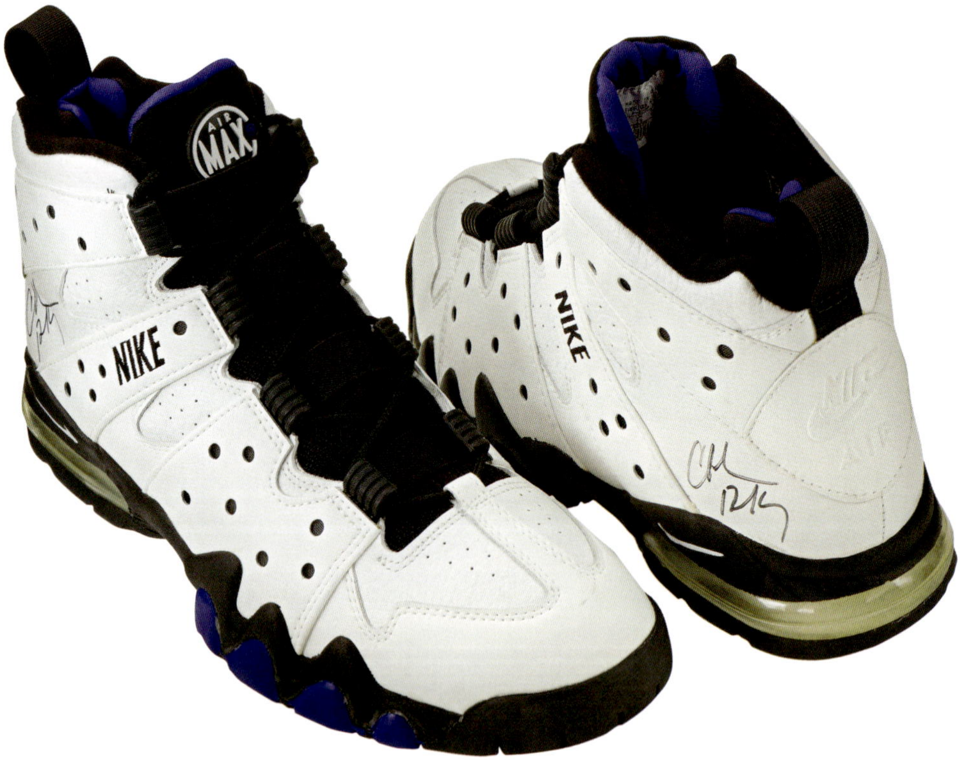
AIR
MAX
NIKE
NIKE

2000
AND 1 Tai Chi

Power Balance ｜ 力量的平衡

事实上，你总会穿上这款鞋的。总之，AND 1 品牌本身的诱惑力让众多NBA 明星都在第一时间选择了 Tai Chi 球鞋。就像邻居家的孩子一样，这些职业球员们争着想搞一盘 AND 1 街头篮球的集锦录像。录像里那些球员 T 恤上印着像"我是个公交司机，送每个人去上学"之类的闲话，体育馆里或者从奥克兰到费城的柏油路上，这样的 T 恤随处可见。一时间，"蹦跶着跑向我的最爱"[1] 几乎成为约翰·斯托克顿（John Stockton）家喻户晓的外号，简直不能再酷了。

尽管面对的是大公司垄断的市场，AND 1 已算是个成功的新球鞋品牌了。最具代表性的球鞋就是 Tai Chi，外观、舒适度和令人惊艳的设计在这款鞋身上完美结合。这款鞋的设计受东方阴阳哲学的启发，由 Tuan Le 手工实现，他是球鞋设计界的禅宗大师。拿双球鞋从上往下看，由压花皮球鞋表面两种颜色各占一半的设计也不难看出这一点。

1　这句话本是一句英文儿歌的歌词。AND 1 当年的街球王拉夫·阿尔斯通（Rafer Alston）打街球的时候做了一个高难度传球动作，当时的现场解说被惊呆了，就喊了句"skip to my lou"，这句话后来就成了阿尔斯通的绰号。歌词里的"lou"应该是个人名，因儿歌流传太久，其具体所指已无人深究。

Tai Chi 之所以能以独特的方式闪亮登场，还是源自球鞋本身。文斯·卡特，一个脾气暴躁、抗拒地心引力的 23 岁球员在 2000 年 NBA 全明星周末拿到扣篮冠军。他留下一段传奇佳话。而且他身上还没有球鞋合约——也就是他可以选择地球上任何一款球鞋——卡特在场上穿的偏偏是白、红、银三色搭配的 AND 1 Tai Chi。

剩下的故事就众所周知了。如果那时候有 Twitter 的话，文斯·卡特结合伊塞亚·莱德尔（J.R.Rider）"逆时针转向扣篮"（East Bay Funk Dunk）所创造的新扣篮招数肯定会引爆网络。如果重放录像的话，可以在乔丹和威尔金斯以来最棒的扣篮大赛中看到，卡特穿着 AND 1 球鞋划过空中。

十几年后，这款经典球鞋的传奇故事依然继续。它不但在街头时尚界赢得一席之地，也在篮球场上为自己赢得了体面的身份。只要看看 NBA 崛起的新星兰斯·史蒂芬森（Lance Stephenson）脚上的 AND 1，就知道此言一点不虚。

2001
adidas T-Mac 1

Magic Kingdom ｜ 魔术王国

便士哈达威之后，谁来接班？到 2001 年，特雷西·麦克格雷迪（Tracy McGrady）成为奥兰多的新希望。阿迪达斯决定用一双未来派的球鞋来和这位新星匹配。

"T-Mac"生产了六代专属麦迪的球鞋，球鞋上都有三条纹，流畅的鞋底和炫酷夸张的贝壳头造型都成为它的标记。

阿迪达斯的工作人员保留了经典的橡胶贝壳头，把它设计成更具现代感的凹槽形式，贝壳头从鞋尖一直延伸到中足部分，恰好在三条纹标志下面。这款中帮的球鞋有铸模合成的鞋面，增加了舒适性和缓冲力。赛车条纹般的设计，让这位魔术队的当家球星即便悠闲地散步都像是在开足马力奔跑。就好像他乘着火箭，穿越包裹地球的平流层，飞出几光年的距离，只留下他这双好像"回到未来"风格的战靴还能让人一眼认出。

简而言之，原始版的 T-Mac 有一种内在的、无法否认的酷劲儿，让它在球场上和街头上瞬间成为大热门。

就在 T-Mac 1 零售仅仅几个月后，它就成为市场上销量第一的篮球鞋。在草根出身的篮球传奇经纪人索尼·瓦卡罗的督促下，阿迪达斯赶紧和麦克格雷迪签下了终身合约。"现在，麦迪和我们永远绑在一起了。"瓦卡罗那时显得颇为高瞻远瞩。

麦迪和阿迪达斯又推出了 5 款以他名义设计制作的球鞋，以及 2004 年和 2005 年为季后赛制作的 re-mix 版球鞋。麦迪后来和阿迪品牌下其他名人演绎了"无篮球，不兄弟"（Basketball is a Brotherhood）电视广告。但对篮球迷来说，只有原始版的 T-Mac 永恒不朽，就如同麦迪球衣上的号码 1 一般深入球迷脑海。

2000
Nike Shoe BB4

Boing ｜嘣！

就在音乐厂牌 Cash Money 旗下的说唱歌手 B.G. 给世界带来"Bling Bling"这个时髦词儿一年后，耐克也用 Shox BB4 这款鞋给世界带来"Boing"这个词儿。随后，文斯·卡特直接把鞋底儿对准了 7 英尺 2 英寸（约 2.18 米）高的法国中锋的脸，向这个名叫弗雷德里克·维斯（Frédéric Weis）的球员介绍了这款鞋。

刚刚在扣篮大赛上完成自乔丹和威尔金斯以来最引人注目的表演，卡特就作为美国队员，在 2000 年奥运会上又留下浓重一笔。他才刚和耐克签约，才刚在悉尼奥运会上试穿耐克 Shox BB4 球鞋。

文疯子"震惊世界的头顶一扣"又有图像又有解说 ["他跳他脑袋上了！"道格·柯林斯（Doug Collins）喊出的这句话太著名了]，这段视频会在 Youtube 和电视节目的"精彩回放"中永生。当然，这也是可怜的维斯永远的憾事。由埃里克·阿瓦尔设计的 BB4 球鞋——穿在加拿大飞人脚上随时准备腾空起飞——把 Shox 技术带进了篮球领域，它给这个星球上最出色的球员提供了额外的爆发力，就跟一个弹簧床似的。

Shox BB4 就像能力无边、半人半神的卡特一样，像是从遥远的未来空降到现在的。它就像是一个火箭发射台——就卡特而言，这款鞋的功能和火箭发射台也差不多了。

这款鞋最令人印象深刻、最具决定性意义的创新是鞋跟外露的气垫。这是一款酝酿已久的设计，灵感最初源于耐克跑鞋系统，但在这一设计应用在球员脚上之前，这个点子多年来在耐克总部很不受待见。

Shox BB4 令人震惊的创新进一步提醒耐克，未来要继续坚守自己在篮球市场的前沿阵地。这款鞋还引领了随后一系列球鞋的设计，比如 Shox Stunner、Shox VC I、Shox VC II……对不起了，那个叫维斯的法国中锋。

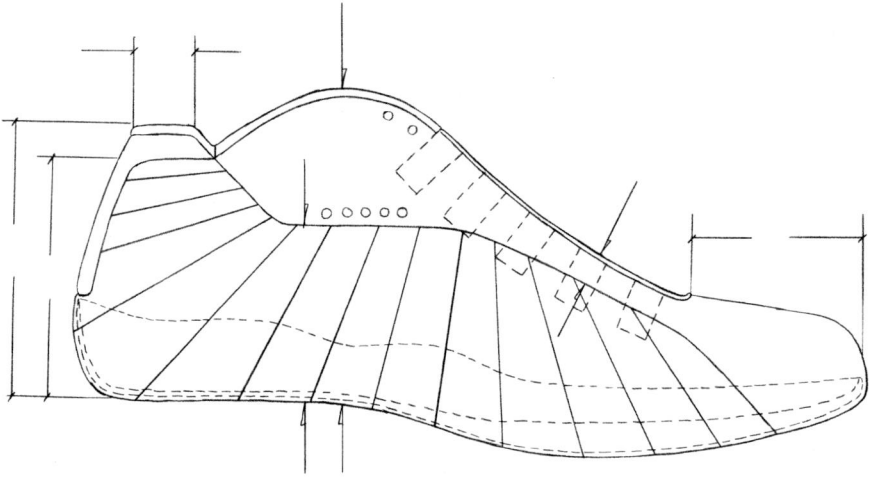

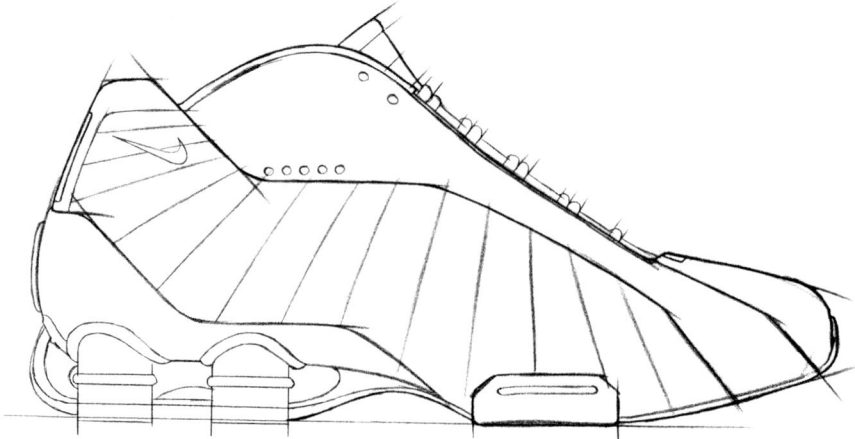

2009
Nike Zoom Kobe IV

Get Low ｜ 低一点

这世上有经久不变的规矩，也有像科比这样敢于打破传统的人。想想看，从你第一次拿起篮球，就有人告诉你打球只能穿着高帮球鞋。科比肯定也被这么教育过。穿着高帮球鞋打球不是什么建议，这就是既定事实——从詹姆斯·奈史密斯（Dr. James Naismith）发明篮球以来，它就深深扎根于篮球文化之中。

科比可从来不怕挑战传统观念，他在 2008 年和耐克设计师埃里克·阿瓦尔一起，要完成一项简单但又颇具颠覆性的任务：制作一双最轻的球鞋，它有令人意想不到的脚踝支撑和保护能力，但它又是一双低帮球鞋。

作为一名国际知名的球员，以及一名不按常理出牌的思想家，这条黑曼巴蛇（black mamba）发现，其他体育项目最优秀的运动员——比如足球队员——所穿的球鞋都没有为提供脚踝支持牺牲轻便柔韧、灵活敏捷的功能。科比希望它的球鞋也能拥有这些长处。

Flywire 技术的出现给耐克提供了制造 Zoom Kobe IV 的工具——革命性的低帮造型、超强脚踝支撑、顶级功能的球鞋，让科比这条黑曼巴蛇可以大胆地实现挑战自己的承诺。虽然要顽固的球员们接受这款看似缺少支撑的球鞋需要点时间，但当他们穿上鞋，立刻能感觉到不容置疑的舒适和稳定性。科比的低帮球鞋很快就成为球场上最热门的款式。

科比至少四次帮助耐克改进球鞋的外观，每次建议都挑战了这款轻便、低帮球鞋的极限。每个晚上，联盟里的球员都穿着科比系列最新款的低帮球鞋，很多 NBA 球员至今还穿着 Kobe IV。这款鞋的成功重新定义了篮球鞋的模样，让传统观念朝着进步方向走了一大截，还为科比赢得了至少两枚总冠军戒指。

2012
Nike LeBron X

Plus One ｜ 再次加强

这款鞋有些特别之处。这些特别之处专属于王者，比如他最终用一枚总冠军戒指为自己的皇冠锦上添花。他在 NBA 打拼了 10 年之久，他带着耐克标志的签名球鞋也走过了 10 年光阴，勒布朗·詹姆斯穿上了他第 10 双签名球鞋——这是对他难以置信的 2012 年的盛大庆祝，也是对他充满希望的未来的惊鸿一瞥。

一年里连续获得联盟 MVP、NBA 总冠军、总决赛 MVP、奥运会金牌？不可能，你不是开玩笑吧？一个人，这一个赛季，获得这么多荣誉？

詹姆斯在 2012 年收获的战利品是大多数球员一辈子的梦想，何况他只用一年时间就全部搞定了。LeBron X 球鞋也同样壮观，它不只是用来纪念詹姆斯这个梦幻般的赛季，也是鞭策他更进一步——詹姆斯穿着这款鞋跑在连续夺取 NBA 下一个荣誉的大路上。

他可以打控球后卫，但他 6 英尺 8 英寸（约 2.03 米）的身材更像橄榄球里的中后卫。就 LeBron X 来说，设计师贾森·皮特里（Jason Petrie）在工作时，脑袋里就清楚地想着詹姆斯身材，打造出一款拥有动态鞋带扣和强大抗冲击能力的球鞋，足以支撑詹姆斯庞大身体的冲击。

从技术上讲，LeBron X 拥有前所未见的全脚掌气垫，拥有 Flywire 和 Hyperfuse 技术，保证球鞋的轻盈。它强壮得足以托起克里斯·"鸟人"·安德森（Chris "Birdman" Andersen）这样的中锋，又轻盈得受到泰·劳森（Ty Lawson）这样后卫的喜爱。另外，它还拥有 Nike+ 技术——鞋跟的芯片可以记录球员跳得有多高。估计詹姆斯的芯片总是保持着"非常高"的记录。

这款鞋外观也十分漂亮，其设计灵感来自于钻石。钻石要在高温、高压下经过漫长时间才能成形——这些对詹姆斯来说再熟悉不过了。有意思的是，包括 NSW 和 Elite 版本以及球员专属版本在内，这款球鞋有超过 70 种配色。

THE NEW GOLDEN AGE OF SNEAKER INNOVATION

BY JOHN BRILLIANT

球鞋创新的新黄金时代
约翰·布瑞莱恩特

要是把曾汇聚在球场上的伟大球鞋排列成清单，任何一种排列组合都记录着和我们有关的故事：我们曾经有的经历，我们曾炫耀的球鞋，还有我们为何会对曾经的球鞋仍然怀念。

要是我告诉你，有了未来出现的球鞋，你会把过去这些球鞋统统丢弃吗？

在 20 世纪，球员们对需要一双什么样的球鞋有了最基本的概念。未来十年二十年甚至更长的时间内，我们现有对球鞋的知识将全部被摧毁，球鞋工业当下建立的产业结构也将全部重构。

20 世纪末，群众运动式的球鞋文化以及相关的球鞋收藏风潮成为主流。这种潮流由《灌篮》这类行业杂志在背后推动升级，又通过网络上的粉丝论坛、博客、社区被进一步发扬光大。

在过去几十年里，我们亲眼目睹了大量的技术进步，刚刚实现的技术成就马上又要被正在发生的技术革新所覆盖，这种发展速度仅仅用"改变篮球游戏"来描述已显得不够充分了。

比如，有关于鞋类很超前的设计理念：制造一种像袜子一样的装备，仅在你脚部需要的部位提供支撑。在传统球鞋制造业中，这种观念根本不可能实现。把多种材料裁剪、缝制、粘贴，制造出一双球鞋的鞋面，这是工厂里通常的步骤。

$$\left[\begin{array}{cc} H & H \\ | & | \\ C & C \\ | & | \\ H & H \end{array}\right]_n \left[\begin{array}{cc} C & C \\ | & | \\ H & H \end{array}\right]_m$$

LATERAL

Tinker 11·15·11

jordanstealth2013

现在，试想一下完全无接缝、一体化的鞋面，在高压力部位有内置的支撑材料，而不需要在此处涂上工业等级的埃尔默（Elmer）胶液、多垫上几层纺织物，感觉如何？假如整个过程不光是把材料组合制造一双鞋，经过设计后，整个制作过程全自动化、程序化，还经济环保，避免像传统球鞋制造业那样排出成吨的废物呢？要是最终的产品能穿在像科比·布莱恩特、德里克·罗斯这种明星球员脚上，或者是高中或大学里职业生涯急需更快起步的后卫们的脚上，如何？你需要的是像耐克 Flynikt、阿迪达斯 Primeknit，以及其他正在进行的针对材料的技术革新那样的工业革命。

再加上迅速崛起的 3D 打印技术，号称要颠覆整个工业领域，不光是球鞋而已。3D 打印已被投入应用，能制作出让你捧在手上的、实际大小的球鞋样品。这已由世界级的运动员做过性能试验。在未来几年，一双耐用的橡胶、泡沫或塑料外底的时尚球鞋能根据球员的需要像变魔术一般被轻松召唤出来，而不需要提前为各个号码的球鞋制作单独的模具，要知道制作模具是设计新鞋中的一笔巨大开销。未来几十年，你只需要在世界各地选择一家零售店，它就能在几分钟内为你制造出一双个人定制的球鞋，极具便利性，也绝对"本地制造"。

我们制造一双球鞋的方式从本质上在变化。过去选择球鞋的材料，要考虑保护脚部安全，也要考虑有助于球员快速运动的功能性，感觉很是分裂。这种选择材料的方式也在变化。

匡威 Chuck Taylor 的帆布鞋面和简单硫化处理的橡胶鞋底，成为最早的篮球鞋的标准样式。随后以阿迪达斯为代表，开始将皮革作为鞋面材料的主要选择。最近我们才开始尝试用各种新材料代替处理过的牛皮，让保护我们脚部的方式变得更加现代化。

强韧的合成材料，精心设计的网眼结构，还有上文提及的编织物的应用，一同给球鞋提供了更优越的性能，让球鞋不再像原先皮革材料那样容易开裂、磨损。一层层材料加热、融合，变得更薄、更轻、更强韧，既可以供勒布朗·詹姆斯这样的人肉坦克穿着，也适合那些周末或者平时锻炼的人穿着。

对设计避震鞋垫的部门来说，球鞋中底一般都是用高密度泡沫制成，泡沫一般从聚氨酯或者 EVA 中制造。在 20 世纪 80 年代，耐克设计出 Air 气垫。20 世纪 90 年代，气垫升级为 Zoom、Pump、DMX 以及 Feet You Wear 等概念。到了 2000 年，我们见证 Shox 进军市场，其他公司也开发出一系列机械化的中底装置。

今日，对泡沫材料又有了新的应用，像耐克新推出的轻便的 Lunar 技术或者阿迪达斯动力十足的 Boost 技术。对 EVA 的最新开发应用还在不断涌现。对足底支撑系统的进一步突破研究，正在品牌公司某些隐秘的角落里做着实验，可以确信接连不断的产品将让气垫变得更柔软、帮助球员有更长的制空时间。

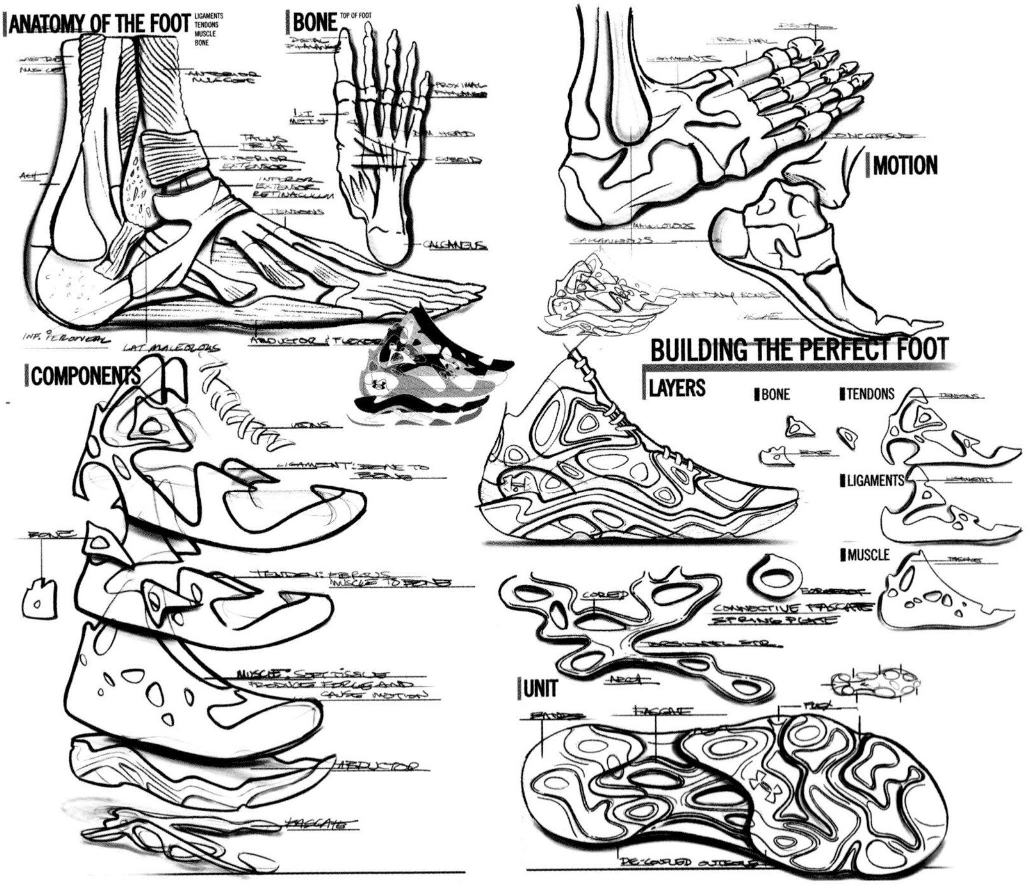
ANATOMY OF THE FOOT
LIGAMENTS
TENDONS
MUSCLE
BONE
BONE
TOP OF FOOT
MOTION
COMPONENTS
BUILDING THE PERFECT FOOT
LAYERS
BONE
TENDONS
LIGAMENTS
MUSCLE
UNIT

篮球鞋的重量超过 15 盎司（约 425.2 克）长期以来被视为再正常不过，近些年我们才把重量降到 10 盎司（约 283.5 克）以内。谁能成为第一个把重量再去掉一半的公司呢？或者，也许我们可以重量减少到小数点以后接近于零，到时候球鞋穿着像袜子一样，感觉不出重量的存在。

同时，数字技术在球鞋工业的方方面面蓬勃发展起来。球鞋里的嵌入式感应器可以瞬间记录你跑步的里程和垂直跳跃的高度。

在未来，拥有增强现实技术（augmented-reality）的球鞋可以帮助你对在球场上每次冲刺、每处伤口、每次肌肉抽搐做出反应，实时数据可以随时帮你调节气垫和脚部支撑。累计数据，以及生物扫描技术，可以帮你一对一地制定计划，创造出可以满足你那独一无二的双脚的产品，而且它在技术上也最完美。

过去各个品牌的经典和复刻款球鞋还会占据一席之地，不管是作为纯粹的纪念，还是作为时尚潮流轮回的主题。乔丹系列球鞋和耐克传奇设计师廷克·哈特菲尔德创造了利润最高也最受欢迎的系列签名球鞋。你可能还没准备好完全抛弃手头的乔丹鞋，但如果有那么一双异常贴脚、极度舒适、超级有型的球鞋出现，还以你的名字命名，将会怎样？

作为 CounterKicks.com 的编辑和创始人，我目睹了球鞋发展的趋势，看到不少市场上假象的创新，一切来来去去，就像屏幕滚动和鼠标点击一样迅速。但是追求一双球鞋在设计制作方面的革新激励着我们等待着进入那片未知的新世界。

说到和球鞋有关的一切，现在是最令人激动的时代。关于球鞋创新的新黄金时代，我们还只是浮光掠影地窥到一些表面而已。

想想那些你认为再经典不过的球鞋，它们不是终点，而是球鞋未来发展的光明的开始。那些将来会改变篮球的球鞋们，终将写就一本关于它们自己的书。

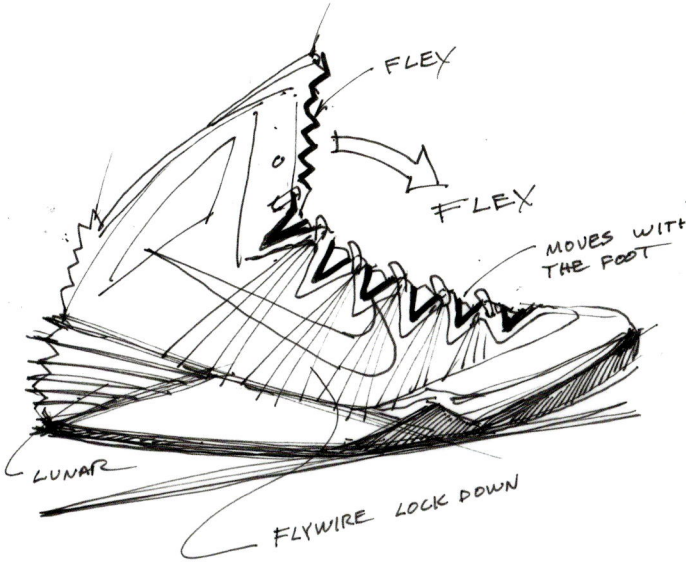

FLEX

FLEX

MOVES WITH
THE FOOT

LUNAR

FLYWIRE LOCK DOWN

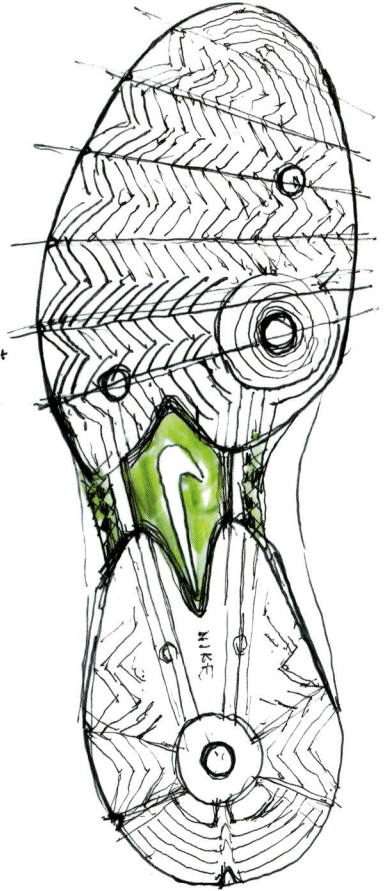

致谢

显然，这样庞大的工程需要一组人的努力。有些人需要特别致谢，我把他们按时间顺序排列，没有他们的帮助就没有这本书。还有些人在工程开始后才加入，让这本书变得更好。

本书的启动要感谢出版经纪人 Scott Gould，他对这一项目抱有信心，帮忙将它兜售给编辑 Jessica Fuller，出版人 Charles Miers，还有 Rizzoli 国际出版公司的天才员工们。

本书的推动得益于 Source Interlink Media 的 Sidney Hidalgo 和 Diana Mahlis，他们签字同意本书可以使用《灌篮》的名字和 Logo。

有了官方合作撑腰，我首先打给已从 SLAM EIC 退休的罗斯·本特森，他是我知道的篮球知识最丰富的人，而且对于分享知识有令人难以置信的慷慨。

从此，我开始忙忙碌碌，和伟大的作者 Lee Gabay 以及 Abe Schwadron 搜集关于球鞋的素材。

文字越写越多，我开始把文稿和图片与天才设计师 Melissa Brennan 分享。她和摄影师丈夫 Tom Medvedich 一同工作，确保本书的每一页都尽量美观。

最后，所有的文字和图片都要经过出色的总编辑 Susan Price 的筛选确定。她确保这些内容来源合法，都从相关人那里得到授权，确保给相关作者开出劳务费用。

除了以上感谢的个人，以及下一页标注的摄影师，以下朋友也提供了巨大的帮助：

Joe Amati, Jeff Anglade, Ashlyn Barefoot, Madeline Breskin, John Brilliant, Sean Brown, Brian Choi, Kevin Couliau, Arielle Eckstut, Brian Facchini, Adam Figman, Tai Foster, Dan Friedman, Bobbito Garcia, Jennifer Hutchinson, Paul Jackiewicz, Scoop Jackson, Michael Klein, Djery Larsen, Chris Mack, Rochelle Morton, Ryne Nelson, Kevin O'Sullivan, Dennis Page, Lacy Pica, Jim "Ice" Poorten, Rob Purvy, Jessyca Saavedra, Dave Schnur, Marc Seigerman, Jenny Shanley, Samuel Smallidge, Dave Snowden, Mike Spitz, Brian Strong, Rick Telander, Bonsu Thompson, Tzvi Twersky, Nwamaka Ugokwe, AJ Vander Woude, 以及 Lang Whitaker。

感谢我的家人和我可爱的女儿 Carla。

谢谢大家！

图片来源

All photos by *SLAM* magazine, except:

adidas, pp. 40, 56, 88–89, 91, 98; AND 1, p. 253; AP Photo, pp. 28–29, 43, 48–49, 78–79; AP Photo/ Rick Bowmer, p. 133; AP Photo/Alex Brandon, p. 236; AP Photo/G. Paul Burnett, p. 99; AP Photo/ Michael Conroy, p. 258; AP Photo/Jack Dempsey, p. 289; AP Photo/Richard Drew, p. 62; AP Photo/Mark Duncan, p. 134; AP Photo/Joe Giza, p. 10; AP Photo/Bill Haber, p. 115; AP Photo/ Bob Jordan, p. 193; AP Photo/Molenhouse, p. 83; AP Photo/Carlos Osorio, p. 99; AP Photo/SJP, p. 92; AP Photo/John Swart, pp. 154, 161; AP Photo/Barry Sweet, p. 140; AP Photo/Kathy Willens, p. 285; Andrew D. Bernstein/NBAE via Getty Images, pp. 8–9, 119, 145, 151, 157, 237, 279, 306–307; Nathaniel S. Butler/NBAE via Getty Images, pp. 171, 206, 213, 231; chiva1908, p. 84,86–87; Converse, pp. 18–19, 21, 22–23, 26, 27, 72–73, 76, 138–139; Scott Cunningham/NBAE via Getty Images, pp. 176, 222–223; Brian Drake/NBAE via Getty Images, p. 13; Sam Forencich/NBAE via Getty Images, pp. 108, 256; Jesse D. Garrabrant/NBAE via Getty Images, p. 164; Jeff Harris, p. 1; Paul Hawthorne/Getty Images, pp. 38; Andy Hayt, pp. 203, 162; Atiba Jefferson, p. 216; Jordan Brand, pp. 125, 146–147, 154, 158–159, 210–211, 212, 294; Gemini Keez (John A. Montalvo), pp. 286, 301 Ahmed Klink, p. 297; Roland Lim, London, twitter.com/orbyss, pp. 44–45, 46, 51, 52–53; Steve Lipofsky, www.BasketballPhoto.com, pp. 124, 141, 148, 179; Darren McNamara/Allsport, p. 273; Fernando Medina/NBAE via Getty Images, p. 266; Tom Medvedich, pp. 2, 6, 14–15, 30–31, 36–37, 60–61, 94–95, 109, 122, 123, 128–129, 130, 137, 165, 166–167, 170, 170, 174–175, 180–181, 184–185, 188, 196–197, 218–219, 224–225, 230, 262–263, 282–283, 288, 309; Julien Menichini, p. 57; NBAE via Getty Images, pp. 54, 77; Nike, pp. 80–81, 100–101, 107, 110–111, 112, 190–191, 192, 198–199, 202, 204–205, 209, 238–239, 242, 247–248, 252, 253, 268–269, 272, 274–275, 281, 292–293, 302, 303; Allan Payne, Darlington in the UK, pp. 232–233; Tom Pidgeon/Getty Images, p. 58–59; PONY, pp. 66–67; Dick Raphael/NBAE via Getty Images, pp. 24, 63, 70, 189; Reebok, pp. 225, 226; Ebet Roberts/Redferns, p. 39; Joey Schwab, pp. 152–153, 160, 217; Courtesy of Rick Telander, pp. 7, 25, 34; Rocky Widner/NBAE via Getty Images, p. 215; Under Armour, p. 298.

定格时刻

里奇·泰兰德（Rick Telander）20 世纪 70 年代在布鲁克林和球员们相处了两个夏天，他会告诉你，球员们关心球鞋几乎和他们关心自己的跳投差不多。同时，如今球鞋日益繁多的配色，以及爆炸式增长的定制化服务，都证明现代篮球鞋消费者对球鞋的外表很着迷。以上全都属实。

但是，中间那一代人呢？在 1980 年代成长的那代人呢？篮球和球鞋的婚姻关系什么时候才得到公认的？这就得说起 1987 年的全明星球赛。那场比赛经过激烈的加时比拼，西部队以 154 比 149 取胜。赛场上出现的几乎是有史以来最伟大的球员们；他们或者正走向职业巅峰，或者刚刚经历职业巅峰。数数他们的名字吧：西部有魔术师约翰逊、詹姆斯·沃西、奥拉朱旺、贾巴尔；东部有巴克利、伯德、J博士、多米尼克·威尔金斯、伊赛亚·托马斯、迈克尔·乔丹，还有摩西·马龙。所有人代言的篮球鞋也差不多处于巅峰状态。

正如他们所处的高度和后来的球场传奇人物相比仍略胜一筹那般，在我们心中，乔丹和魔术师脚上的球鞋和后来那些热门球鞋相比，同样略胜一筹。

图书在版编目（CIP）数据

灌篮：改变篮球历史的球鞋 /（美）奥斯博恩
（Osborne, B.）编；赵卓译 . —重庆：重庆大学出版社，
2016.4

书名原文：SLAMKICKS: Basketball Sneakers that
Changed the Game

ISBN 978-7-5624-9314-3

Ⅰ. ①灌… Ⅱ. ①奥… ②赵… Ⅲ. ①运动鞋–介绍
–世界 Ⅳ. ①TS943.74

中国版本图书馆CIP数据核字（2015）第170661号

灌篮：改变篮球历史的球鞋

guanlan; gaibian lanqiu lishi de qiuxie

[美] 本·奥斯博恩　编

赵卓　译

责任编辑　张　维

责任校对　关德强

版式设计　付禹霖

封面设计　马仕睿

重庆大学出版社出版发行

出版人　易树平

社址　（401331）重庆市沙坪坝区大学城西路 21 号

网址　http://www.cqup.com.cn

印刷　北京汇瑞嘉合文化发展有限公司

开本：710×1020　1/16　印张：19.5　字数：223千

2016年4月第1版　2016年4月第1次印刷

ISBN 978-7-5624-9314-3　定价：88.00元

版贸核渝字（2014）第219号

1947 Converse Chuck Taylor All Stars
1949 Pro-Keds Royal
1969 adidas Superstar
1971 adidas Abdul-Jabbar
1972 adidas Pro Model
1973 Puma Clyde
1975 PONY TOPSTAR
1976 Converse Pro Leather
1973 Nike Blazer
1979 adidas Top Ten
1983 adidas Forum
1982 Nike Air Force 1
1986 Nike Dunk
1985 Air Jordan I
1986 Converse Weapon
1987 Air Jordan II
1988 Air Jordan III
1989 Air Jordan IV
1991 Reebok Pump Omni Lite
1988 Nike Air Revolution
1992 Nike Air Flight Huarache
1994 Nike Air Max CB2
1996 Nike Air More Uptempo
1996 Air Jordan XI
1999 Air Jordan XIV
1996 Reebok Question
1997 adidas KB8
1997 Nike Air Foamposite One
2000 AND 1 Tai Chi
2001 adidas T-Mac 1
2000 Nike Shoe BB4
2009 Nike Zoom Kobe IV
2013 Nike LeBron X